# Die Wächter Von der Erde

## Wie haben Vulkane unseren Planeten geformt ?

I0423070

# Inhaltsverzeichnis

# Einführung

## Definition eines Vulkans

Die Definition eines Vulkans mag offensichtlich erscheinen, aber es ist wichtig zu verstehen, dass Vulkane viel mehr sind als bloße Feuerspeier. Ein Vulkan ist eine Öffnung in der Erdkruste, durch die Magma, Gase und vulkanische Asche bei einem Ausbruch ausgestoßen werden können.

Vulkane befinden sich oft entlang der Grenzen der tektonischen Platten, wo die Erdkruste am fragilsten ist. Wenn sich zwei Platten treffen, taucht eine unter die andere ab und bildet eine Subduktionszone, wo Lava ansammeln und einen Vulkan bilden kann.

Es gibt verschiedene Arten von Vulkanen, von denen jeder seine eigenen Eigenschaften hat. Schildvulkane sind zum Beispiel weitläufige Berge mit sanften Hängen, die sich aus dem Aufbau von fließender Lava bilden. Stratovulkane hingegen sind steile, konische Berge, die sich aus der Ansammlung von Asche und zäher Lava bilden.

Die Geschichte der Vulkane reicht Millionen von Jahren zurück, als die Erde noch in der Entstehung war. Vulkane haben eine wichtige Rolle in der geologischen Geschichte unseres Planeten gespielt, indem sie die Landschaft geformt und zur Bildung der Erdatmosphäre beigetragen haben.

Zusammenfassend ist ein Vulkan eine Öffnung in der Erdkruste, durch die Magma, Gase und vulkanische Asche ausgestoßen werden können. Vulkane haben eine wichtige Rolle in der Geschichte der Erde gespielt und kommen an vielen Orten auf der ganzen Welt vor.

## Geschichte der Vulkanologie

Die Geschichte der Vulkanologie reicht Jahrtausende zurück, als die ersten Vulkanausbrüche von Menschen beobachtet wurden. Erst in den letzten Jahrhunderten wurde die Vulkanologie jedoch zu einer eigenständigen wissenschaftlichen Disziplin.

Die Erforschung von Vulkanen begann mit den Beobachtungen von Naturforschern und Geologen wie Plinius dem Älteren und James Hutton, die Theorien über die Entstehung und Herkunft von Vulkanen aufstellten. Im 18. Jahrhundert begannen Wissenschaftler wie Lazzaro Spallanzani, Ausbrüche systematischer zu untersuchen und Proben vulkanischer Gesteine zu sammeln, um sie zu analysieren.

Im 19. Jahrhundert gewann die Vulkanologie mit der Expedition von Georg von Neumayer in die Antarktis im Jahr 1882, bei der die Ausbrüche des Mount Erebus untersucht wurden, und dem Ausbruch des Mount Pelée in Martinique im Jahr 1902, bei dem über 30.000 Menschen starben, an Schwung. Diese Ereignisse trieben die Wissenschaftler dazu an, Vulkane besser zu verstehen und genauere Untersuchungsmethoden zu entwickeln.

Im 20. Jahrhundert ermöglichten technologische Fortschritte

den Vulkanologen, Vulkane besser zu erforschen, indem sie Instrumente wie Seismographen, Satelliten und Drohnen einsetzten. Dadurch wurde es möglich, die bei Ausbrüchen ablaufenden Prozesse sowie die innere Struktur der Vulkane besser zu verstehen.

Heute ist die Vulkanologie eine sich ständig weiterentwickelnde Disziplin, mit neuen Entdeckungen und Überwachungstechniken, die jedes Jahr entwickelt werden. Vulkanologen arbeiten eng mit Regierungen und lokalen Gemeinschaften zusammen, um aktive Vulkane zu überwachen und Ausbrüche vorherzusagen, sowie Notfallpläne für den Fall einer Vulkankatastrophe zu entwickeln.

## Bedeutung von Vulkanen in der Erdgeschichte

Vulkane spielen eine entscheidende Rolle in der Erdgeschichte und haben unseren Planeten geformt, indem sie einzigartige Landschaften, natürliche Ressourcen und Lebensräume für eine Vielzahl von Arten geschaffen haben. Seit der Entstehung unseres Planeten waren Vulkane wichtige Akteure in der Entwicklung der Erdkruste und trugen zur Bildung von neuen Materialien wie magmatischen Gesteinen, Mineralien, Gasen und anderen Elementen bei.

Vulkane haben auch Bedingungen geschaffen, die für das Leben förderlich sind, indem sie Nährstoffe für Ökosysteme liefern und Lebensräume für Arten schaffen, die sich an extreme Umgebungen angepasst haben. Zum Beispiel sind die heißen Quellen um Vulkane herum oft Lebensräume für einzigartige Organismen, die sich entwickelt haben, um in heißen und hochdruckreichen Umgebungen zu überleben.

Darüber hinaus haben Vulkane einen bedeutenden Einfluss auf die Chemie der Erdatmosphäre, indem sie Gase wie Kohlendioxid, Schwefel und Wasserstoffchlorid emittieren, die Auswirkungen auf das Klima und die Umwelt haben. Massenausbrüche können erhebliche Auswirkungen auf das globale Klima haben, indem sie massive Mengen an Partikeln in die Atmosphäre ausstoßen, die die Sonnenstrahlen blockieren und den Planeten abkühlen können. Allerdings können Vulkanausbrüche auch das Klima erwärmen, indem sie Treibhausgase wie Kohlendioxid ausstoßen.

Die Geschichte der Erde wurde von bedeutenden vulkanischen Ereignissen geprägt, wie den massiven Ausbrüchen des Yellowstone vor etwa 640.000 Jahren, die zur Bildung von Calderas und Basaltplateaus führten. Auch jüngere Vulkanausbrüche haben ihre Spuren in der menschlichen Geschichte hinterlassen, wie der Ausbruch des Mount St. Helens im Jahr 1980, der Menschenleben kostete und erhebliche Sachschäden verursachte.

Das Verständnis von Vulkanen und ihrer Funktionsweise ist von entscheidender Bedeutung für die menschliche Sicherheit. Wissenschaftler können das Wissen über Vulkane nutzen, um zukünftige Ausbrüche vorherzusagen und Menschen in gefährdeten Gebieten bei der Vorbereitung auf katastrophale Ereignisse zu unterstützen. Ein Vulkanausbruch kann erheblichen Schaden wie Zerstörung von Häusern und Infrastruktur, menschliche Verluste sowie wirtschaftliche und soziale Störungen verursachen.

# Verteilung der Vulkane auf der Welt

Die Verteilung von Vulkanen auf der Welt ist ein faszinierendes und komplexes Thema, das von vielen geologischen und geophysikalischen Faktoren beeinflusst wird. Die Präsenz von Vulkanen ist eng mit der Plattentektonik verbunden, dem Hauptmechanismus für die Entstehung von Erdreliefs.

Vulkane befinden sich in der Regel entlang der Grenzen der tektonischen Platten, wo Kompressions- und Dehnungskräfte Schwachstellen in der Erdkruste erzeugen. In diesen Bereichen kann der Druck unter der Erdoberfläche in Form von Vulkanausbrüchen entweichen.

Der Pazifische Feuerring ist eine der aktivsten Zonen für vulkanische und seismische Aktivitäten. Diese Region erstreckt sich über etwa 40.000 Kilometer um den Pazifischen Ozean herum und umfasst die Westküste Südamerikas, Japan, die Philippinen und Indonesien. Die Vulkane in dieser Region sind in der Regel stratovulkanischen Typs und können sehr explosiv sein, wie der Pinatubo auf den Philippinen oder der St. Helens in den Vereinigten Staaten.

Außerhalb des Pazifischen Feuerrings gibt es auch aktive Vulkane in Island, Äthiopien und Indonesien. In Island ist die starke vulkanische Aktivität auf die geologische Lage des Landes zurückzuführen, das auf dem Mittelatlantischen Rücken liegt, einer Zone mit tektonischer Plattenverzweigung. In Äthiopien gibt es einen großen Hotspot, der regelmäßige vulkanische Aktivitäten erzeugt, während in Indonesien die Vulkane hauptsächlich auf den Inseln Java und Sumatra zu finden sind, die sich in einer Subduktionszone befinden.

Unterwasservulkane sind ebenfalls häufig und befinden sich hauptsächlich entlang der Meeresrücken, wo sich die Erdkruste auseinander bewegt und Lava in Form von Unterwasservulkanen ausstoßen kann. Diese Vulkane haben eine wichtige Rolle bei der Bildung des Meeresbodens und bei der Entwicklung des marinen Lebens gespielt.

Schließlich können Vulkane auch in Subduktionszonen vorkommen, wo eine tektonische Platte unter eine andere Platte gedrückt wird. Dies schafft günstige Bedingungen für die Bildung von Vulkanen in Subduktionszonen, wie zum Beispiel in Chile mit dem Vulkan Villarrica oder in Japan mit dem Mount Fuji.

Das Verständnis der Verteilung von Vulkanen auf der Welt ist wichtig, um ihre Auswirkungen auf die Umwelt und die Gesellschaft besser zu verstehen, sowie um sie besser zu überwachen und vorherzusagen. Vulkane können dramatische Konsequenzen für Bevölkerungsgruppen haben, die in ihrer Nähe leben, indem sie explosive Ausbrüche, Lahare, Lavaströme und pyroklastische Ströme verursachen. Daher ist es entscheidend, effektive Überwachungs- und Warnsysteme sowie Evakuierungspläne für betroffene Bevölkerungsgruppen zu entwickeln.

# Grundlagen der Vulkanologie und Entstehung von Vulkanen

## Aufbau der Erde

Die Erde ist ein faszinierender und komplexer Planet, dessen innere Struktur aus verschiedenen Schichten besteht. Das Verständnis dieser Struktur ist entscheidend, um die vulkanischen Phänomene zu verstehen, die unseren Planeten seit Millionen von Jahren geprägt haben.

Die Erdkruste ist die äußerste Schicht der Erde und stellt die Oberfläche dar, auf der wir leben. Sie besteht hauptsächlich aus festen und starren Gesteinen, die in zwei Haupttypen unterteilt sind: die kontinentale Kruste und die ozeanische Kruste. Die kontinentale Kruste ist dicker als die ozeanische Kruste und besteht hauptsächlich aus granitischen Gesteinen, während die ozeanische Kruste hauptsächlich aus basaltischen Gesteinen besteht. Diese Unterschiede in der Zusammensetzung haben einen großen Einfluss auf die Entstehung und Aktivität von Vulkanen.

Der Erdmantel ist die Schicht direkt unterhalb der Kruste und macht etwa 84% der Erdmasse aus. Der Mantel besteht hauptsächlich aus heißen und viskosen Gesteinen, die unter dem Einfluss von Druck und Hitze verformbar sind. Diese Schicht ist in zwei Teile unterteilt: den oberen Mantel und den unteren Mantel. Die Grenze zwischen diesen beiden Teilen wird Gutenberg-Diskontinuität genannt.

Der Erdkern ist der tiefste und zentrale Teil der Erde und macht etwa 15% der Planetenmasse aus. Er besteht hauptsächlich aus Eisen und Nickel und ist in zwei Teile unterteilt: den flüssigen äußeren Kern und den festen inneren Kern. Diese Aufteilung ist mit der Konvektion des flüssigen Metalls im äußeren Kern verbunden, die ein wichtiges und lebenswichtiges Magnetfeld für das Leben auf der Erde erzeugt.

Die Struktur der Erde ist von grundlegender Bedeutung für das Verständnis der Vulkanologie, da Vulkane aufgrund der tektonischen und magmatischen Aktivität in Verbindung mit der inneren Struktur der Erde entstehen. Vulkane sind oft mit Subduktions-, Divergenz- oder Hotspot-Zonen verbunden, wo die Erdkruste dünner ist und Magma leichter an die Oberfläche aufsteigen kann. Daher ist das Wissen über die Struktur der Erde unerlässlich, um die Entstehung und Entwicklung von Vulkanen zu verstehen.

## Plattentektonik

Die Plattentektonik ist ein zentraler Begriff in der Vulkanologie, da sie für die Entstehung von Vulkanen und vulkanischen Eruptionen verantwortlich ist. Diese Theorie wurde im Laufe des 20. Jahrhunderts entwickelt und wird heute von der wissenschaftlichen Gemeinschaft weitgehend akzeptiert.

Die Plattentektonik beschreibt die Bewegung der lithosphärischen Platten an der Oberfläche der Erde. Die Lithosphäre ist die äußere starre Schicht der Erde, die die

Erdkruste und den oberen Teil des Erdmantels umfasst. Die lithosphärischen Platten sind starre Gesteinsblöcke, die auf der Asthenosphäre schwimmen, einer weicheren Schicht unterhalb der Lithosphäre.

Die Bewegung der Platten wird durch Kräfte verursacht, die im Inneren der Erde wirken, wie zum Beispiel die Mantelkonvektion und die Schwerkraftkräfte. Die Platten können auf drei Hauptarten gegeneinander bewegt werden: auseinanderstrebend, zusammenstoßend und gleitend.

Auseinanderstrebende Grenzen befinden sich dort, wo sich die Platten voneinander entfernen. An diesen Grenzen steigt Magma an die Oberfläche der Erde auf und bildet neue ozeanische Becken oder Spaltenvulkane wie diejenigen, die entlang der mittelozeanischen Rücken gefunden werden.

Zusammenstoßende Grenzen befinden sich dort, wo die Platten zueinander hin bewegt werden. Zusammenstoßende Grenzen können zwei Arten haben: Subduktion oder Kollision. Bei einer Subduktionszone taucht eine ozeanische Platte unter eine kontinentale Platte oder eine andere ozeanische Platte ab. Die Subduktion kann die Bildung von Schichtvulkanen wie denen in der Kaskadenkette in Nordamerika verursachen. Bei einer Kollisionszone stoßen zwei Kontinentalplatten aufeinander und bilden Gebirge, ohne dass dabei Vulkane entstehen.

Gleitende Grenzen befinden sich dort, wo die Platten seitlich aneinander vorbei gleiten, wie an der San-Andreas-Verwerfung in Kalifornien. Gleitende Grenzen erzeugen im Allgemeinen keine Vulkane.

Die Plattentektonik ist entscheidend für das Verständnis der Verteilung von Vulkanen auf der Erdoberfläche. Vulkane befinden sich in der Regel entlang der divergierenden und konvergierenden Grenzen der Platten, da hier das Magma leichter an die Oberfläche gelangen kann.

## Entstehung von Hotspots

Die Entstehung von Hotspots ist ein komplexes und faszinierendes vulkanisches Phänomen, das Wissenschaftler lange Zeit fasziniert hat. Hotspots sind geothermische Gebiete im Erdmantel, in denen die Wärmeflussintensität hoch ist und somit ideale Bedingungen für die Entstehung von Vulkanen herrschen. Diese Vulkane befinden sich oft unter sich bewegenden tektonischen Platten und bilden so eine Kette von Vulkaninseln, können aber auch unter Wasser entstehen und Unterwassergebirge bilden.

Hotspots werden als geothermische Anomalien betrachtet, da sie weit von den Plattengrenzen entfernt sind, wo vulkanische Aktivitäten normalerweise auftreten. Obwohl ihre Herkunft immer noch umstritten ist, legt eine populäre Theorie nahe, dass Hotspots Überreste aus der Entstehung der Erde vor etwa 4,5 Milliarden Jahren sind. Zu dieser Zeit hat die Energie, die durch den Einschlag von Asteroiden und Kometen erzeugt wurde, die Erde zum Schmelzen gebracht und einen Ozean aus flüssigem Magma geschaffen. Hotspots wären somit die Überreste dieser fernen Zeit.

Hotspots werden so genannt, weil sie Gebiete sind, in denen die Erdkruste dünner ist und es dem Magma leichter ermöglicht, an die Oberfläche aufzusteigen. Dies schafft Bedingungen für die Entstehung von Vulkanen, die über Jahre oder sogar Jahrhunderte hinweg aktiv sein können. Die Hawaii-Inseln sind ein berühmtes Beispiel für dieses Phänomen. Die Kette von Vulkaninseln entstand durch die Bewegung der pazifischen Platte über dem Hotspot unter der Insel Hawaii, was zur Bildung mehrerer Vulkane führte, darunter der Kilauea und der Mauna Loa, zwei der aktivsten Vulkane des Planeten.

Wissenschaftler erforschen Hotspots seit Jahrzehnten und entdecken immer wieder neue Hotspots auf der ganzen Welt. Neben Vulkaninseln können Hotspots auch Unterwassereruptionen verursachen und so Unterwassergebirge bilden, die die Oberfläche des Wassers nicht erreichen. Wissenschaftler haben viele Unterwasserberge entdeckt, darunter die Pazifische Unterwassergebirgskette, die sich über mehr als 43.000 Kilometer erstreckt.

Die Entstehung von Hotspots ist ein faszinierendes Beispiel dafür, wie die Erde ständigen Veränderungen unterliegt. Wissenschaftler setzen ihre Studien über Hotspots fort, um ihre Herkunft und ihre Rolle bei der Entstehung unseres Planeten besser zu verstehen. Diese Studie ist von großer Bedeutung, um die Geschichte der Erde zu verstehen und Vulkanausbrüche genauer vorhersagen zu können, da diese große Auswirkungen auf die Bevölkerung und die Umwelt haben können.

# Magmatismus und Entstehung von Vulkanen

Der Magmatismus ist der Prozess, bei dem sich Magma unter der Erdoberfläche bildet und aufsteigt, was zur Entstehung von Vulkanen führt. Vulkane entstehen hauptsächlich an den Rändern tektonischer Platten, wo die Erdkruste dünner ist und die Gesteine heißer sind. Die Platten können sich trennen, annähern oder aneinander vorbeigleiten, was zur Bewegung von Magma führt und die Bildung von Vulkanen ermöglicht.

Das Magma besteht hauptsächlich aus geschmolzenen Gesteinen, kann aber auch gelöste Gase und Kristalle enthalten. Seine Zusammensetzung variiert je nach Region, Tiefe und dem Typ des Vulkans. Magma entsteht durch teilweises Schmelzen von Gesteinen in der Erdkruste, entweder durch erhöhte Temperatur, Druckabnahme oder Zugabe eines externen Fluids wie Wasser.

Sobald das Magma entstanden ist, beginnt es aufgrund der im Magma gelösten Gase und des Drucks, den das geschmolzene Gestein ausübt, an die Oberfläche zu steigen. Wenn das Magma die Oberfläche erreicht, wird es Lava genannt und beginnt zu erstarren und einen Vulkan zu bilden. Form und Größe des Vulkans hängen von vielen Faktoren ab, wie z.B. der Viskosität der Lava, der Menge an gelösten Gasen und der Geschwindigkeit, mit der das Magma aufsteigt.

Vulkane können auch durch Hotspots entstehen, die geografisch begrenzte Bereiche der Erdkruste sind, in denen Magma kontinuierlich vorhanden ist. Hotspots können sich unter der ozeanischen oder kontinentalen Kruste befinden und Schildvulkane wie die in Hawaii hervorbringen.

## Eruptive Gesteine und Minerale

In der Vulkanologie spielen magmatische Gesteine eine entscheidende Rolle, da sie eng mit der Entstehung von Vulkanen verbunden sind. Magmatische Gesteine entstehen durch das Erstarren von Magma, der geschmolzenen Materie im Inneren der Erde, die während eines Vulkanausbruchs an die Oberfläche aufsteigt.

Magmatische Gesteine können in zwei Hauptkategorien eingeteilt werden: plutonische Gesteine und vulkanische Gesteine. Plutonische Gesteine entstehen durch das langsame Erstarren von Magma im Inneren der Erdkruste, während vulkanische Gesteine durch das schnelle Erstarren von Magma an der Oberfläche entstehen.

Plutonische Gesteine haben größere Körner und eine stärker kristalline Struktur als vulkanische Gesteine, da sie mehr Zeit hatten, um sich zu bilden und langsam abzukühlen. Beispiele für plutonische Gesteine sind Granit, Syenit und Gabbro.

Vulkanische Gesteine hingegen haben feinere Körner und eine glasige oder porphyrische Struktur, da sie schnell an der Oberfläche abgekühlt sind. Beispiele für vulkanische Gesteine sind Basalt, Andesit und Rhyolith.

Neben magmatischen Gesteinen gibt es auch eine Vielzahl von Mineralen, die in Vulkanen vorkommen. Minerale sind natürliche chemische Verbindungen, die sich zu einzigartigen Kristallen mit einzigartigen physikalischen und chemischen Eigenschaften bilden. Einige häufige vulkanische Minerale sind Pyroxen, Amphibol, Plagioklas, Olivin und Quarz.

Die chemische Zusammensetzung von vulkanischen Gesteinen und Mineralen ist ein entscheidender Faktor bei der Bestimmung des Vulkantyps und des resultierenden Vulkanausbruchs. Schildvulkane bestehen in der Regel hauptsächlich aus Basalt, während Schichtvulkane oft aus Andesit oder Dazit bestehen. Rhyolithe sind mit schichtvulkanischen und Schlackenkegelvulkanen assoziiert.

## Zusammensetzung vulkanischer Gesteine

Die Zusammensetzung vulkanischer Gesteine ist ein faszinierendes Thema in der Vulkanologie, da sie je nach mehreren Faktoren erheblich variieren kann, darunter geografische Lage, Vulkantyp und eruptive Aktivität. Vulkanische Gesteine bestehen hauptsächlich aus Silikaten, die Mineralsubstanzen mit Silizium und Sauerstoff sind, sowie anderen Elementen wie Magnesium, Eisen und Calcium.

Vulkanische Gesteine können in zwei Hauptkategorien eingeteilt werden: saure vulkanische Gesteine und basische vulkanische Gesteine. Saure vulkanische Gesteine, wie Rhyolithe und Dazite, haben einen hohen Siliciumgehalt und neigen dazu, viskoser zu sein, was zu explosiven Eruptionen führen kann. Basische vulkanische Gesteine, wie Basalte, haben einen niedrigeren Siliciumgehalt und neigen dazu, flüssiger zu sein, was zu effusiven Eruptionen führen kann.

Der Siliciumgehalt ist einer der wichtigsten Faktoren, der den Typ des gebildeten vulkanischen Gesteins und die damit verbundene eruptive Aktivität bestimmt. Magmen mit hohem Siliciumgehalt neigen dazu, viskoser zu sein, was zu einem Aufbau von Druck unter dem Vulkan führen kann, der letztendlich zu einer explosiven Eruption führt. Explosive Eruptionen sind oft die gefährlichsten für umliegende Gemeinschaften, da sie pyroklastische Ströme, Ascheablagerungen und Lahare erzeugen können, die große Gebiete bedecken können.

Magmen mit niedrigem Siliciumgehalt sind flüssiger und können effusive Eruptionen wie Lavaströme verursachen. Effusive Eruptionen sind in der Regel weniger gefährlich als explosive Eruptionen, da Lava leichter vorhergesagt und kontrolliert werden kann, können aber auch beträchtliche Schäden für umliegende Gemeinschaften verursachen.

Die Magmen, die zu den vulkanischen Gesteinen führen, können auch Gase wie Wasser, Kohlendioxid und Schwefeldioxid enthalten. Wenn das Magma die Oberfläche erreicht, können diese Gase entweichen und zu Vulkanwolken und pyroklastischen Strömen führen. Diese Gase können negative Auswirkungen auf die menschliche Gesundheit und die Umwelt haben, insbesondere wenn sie in großen Mengen freigesetzt werden.

Es ist auch wichtig zu beachten, dass die Zusammensetzung der vulkanischen Gesteine wichtige Auswirkungen auf die Umwelt haben kann. Vulkanische Asche kann

Atemwegsprobleme verursachen und die Luftqualität beeinträchtigen, während vulkanische Gase negative Auswirkungen auf Gesundheit und Umwelt haben können. Vulkanausbrüche können auch Auswirkungen auf das globale Klima haben, da vulkanische Aerosole das Sonnenlicht reflektieren und zu einer vorübergehenden Abkühlung des Planeten führen können.

## Magma und Lava: Unterschiede und Eigenschaften

Der Unterschied zwischen Magma und Lava ist ein grundlegender Begriff in der Vulkanologie. Magma ist geschmolzenes Gestein unterhalb der Erdoberfläche, während Lava das Magma ist, das die Oberfläche erreicht und erstarrt. Mit anderen Worten, Lava ist Magma, das von einem Vulkan bei einem Ausbruch ausgestoßen wird.

Magma besteht hauptsächlich aus Silikaten, gelösten Gasen und Wasser. Seine Zusammensetzung kann je nach Tiefe und vulkanischer Aktivität variieren. Die gelösten Gase, wie Kohlendioxid, Schwefeldioxid und Salzsäure, sind für vulkanische Explosionen verantwortlich.

Lava besteht ebenfalls hauptsächlich aus Silikaten, kann aber je nach Vulkanart und eruptiver Aktivität variieren. Die unterschiedlichen Eigenschaften von Lava, wie Viskosität, Temperatur und chemische Zusammensetzung, können den Effekt des Ausbruchs auf die Umwelt und die umliegenden Bevölkerungen beeinflussen.

Die Viskosität der Lava, also der Widerstand gegen das Fließen, wird durch den Anteil an Silikaten bestimmt. Je mehr Silikate die Lava enthält, desto viskoser ist sie. Lava mit einem niedrigen Silikatgehalt neigt dazu, flüssiger zu sein und sich schneller zu bewegen, während Lava mit einem hohen Silikatgehalt eher pastös ist und sich langsamer bewegt.

Die Temperatur der Lava kann ebenfalls je nach Art des Ausbruchs erheblich variieren. Effusive Ausbrüche, die durch geringe Gewalt geprägt sind, produzieren in der Regel heißere Lava, während explosive Ausbrüche, die von großer Gewalt begleitet werden, in der Regel kühlere Lava produzieren.

Die chemische Zusammensetzung der Lava kann auch den Einfluss des Ausbruchs auf die Umwelt und die umliegenden Bevölkerungen beeinflussen. Gase reiche Lava wie Basalte können pyroklastische Ströme, Ascheablagerungen und vulkanische Explosionen verursachen. Lava reiche an Silikaten wie Andesite können Lavastrom und Lahars erzeugen.

Das Verständnis des Unterschieds zwischen Magma und Lava ist von grundlegender Bedeutung, um vulkanische Phänomene zu verstehen und Ausbrüche vorherzusagen. Vulkanologen untersuchen die Zusammensetzung, Viskosität und Temperatur des Magmas, um zukünftige Ausbrüche vorherzusagen und die damit verbundenen Risiken zu bewerten. Wissenschaftler können auch die Eigenschaften der Lava analysieren, um die Folgen des Ausbruchs auf die Umwelt und die umliegenden Bevölkerungen besser zu verstehen.

# Die Arten von Vulkanen auf der Erde und ihre Merkmale

## Schildvulkane

Schildvulkane, auch als hawaiianische Vulkane bezeichnet, sind Vulkane, die eine breite und flache Schildform mit sanften Hängen und meist ruhigen Eruptionen haben. Sie entstehen durch effusive Eruptionen, bei denen das flüssige Magma sanft aus der Magmakammer aufsteigt und den Hang des Vulkans hinabfließt. Die Eruptionen dauern oft lange an und haben flüssige Lavafelder, die große Strecken zurücklegen können, bevor sie erstarren.

Schildvulkane befinden sich hauptsächlich entlang ozeanischer Riftzonen, wo die tektonischen Platten auseinanderdriften und dem Magma den Weg an die Oberfläche ermöglichen. Das bekannteste Beispiel ist der Mauna Loa auf Hawaii, der der größte Schildvulkan der Welt in Bezug auf Volumen und Höhe ist. Weitere bemerkenswerte Schildvulkane sind der Kilauea, ebenfalls auf Hawaii, und der Piton de la Fournaise auf der Insel La Réunion.

Schildvulkane sind wichtig, weil sie einen Einblick in die subaquatische vulkanische Aktivität geben, da ihre Struktur ähnlich der von Unterwasservulkanen ist. Sie liefern auch wichtige geologische Informationen über die Entwicklung des Erdmantels und die Zusammensetzung des Magmas. Darüber hinaus haben sie bedeutende wirtschaftliche Auswirkungen, da ihre Lava als Baumaterial für Straßen und Gebäude verwendet werden kann und der Tourismus in diesen

Gebieten eine wichtige Einnahmequelle für die örtlichen Gemeinschaften darstellt.

Schildvulkane sind jedoch nicht ohne Gefahr. Obwohl ihre Eruptionen im Allgemeinen weniger explosiv sind als die anderer Vulkantypen, können Lavaströme erhebliche Schäden an Infrastruktur und umliegenden Siedlungen verursachen. Darüber hinaus können die ausgestoßenen vulkanischen Gase für die menschliche Gesundheit gefährlich sein, und Eruptionen können Phänomene wie Lahare und vulkanische Tsunamis auslösen.

## Schichtvulkane

Schichtvulkane, auch als Schichtvulkane oder Verbundvulkane bezeichnet, gehören zu den bekanntesten und gefährlichsten Vulkanen der Welt. Diese Vulkane haben eine komplexe Struktur aus Ascheschichten, Tephra, Lava und festem vulkanischem Gestein. Die Eruptionen dieser Vulkane können extrem explosiv sein und verheerende pyroklastische Ströme erzeugen, die sich über Kilometer erstrecken können.

Diese Vulkane bilden sich entlang von Subduktionszonen, wo eine tektonische Platte unter eine andere Platte abtaucht. Während der Subduktion wird Wasser aus den Mineralien der abtauchenden Platte freigesetzt, wodurch ein leichteres Magma entsteht, das an die Oberfläche aufsteigt und Vulkane bildet. Schichtvulkane haben eine charakteristische kegelförmige Form mit einem steilen Gipfel und einer breiteren Basis.

Zu den bekanntesten Stratovulkanen der Welt gehören der Fuji in Japan, der Saint Helens in den USA und der Pinatubo auf den Philippinen. Der Fuji, der eine Höhe von über 3.700 Metern erreicht, ist seit Jahrhunderten ein wichtiges kulturelles Symbol für die Japaner. Der Mount Saint Helens erlebte 1980 einen verheerenden Ausbruch, bei dem 57 Menschen starben und große Waldgebiete verwüstet wurden. Der Pinatubo wiederum hatte 1991 einen explosiven Ausbruch, der aufgrund der großen Menge an Asche und vulkanischen Gasen, die in die Atmosphäre emittiert wurden, weltweite Auswirkungen auf das Klima hatte.

Die Ausbrüche dieser Vulkane haben signifikante Auswirkungen auf die lokale Bevölkerung und die Umwelt. Lavaströme und vulkanische Asche können die lokalen Ökosysteme stören und die Luft- und Wasserqualität beeinträchtigen. Die von den Ausbrüchen ausgestoßenen vulkanischen Gase können auch die Ozonschicht beeinflussen und Auswirkungen auf das Klima haben.

Die Überwachung von Stratovulkanen ist daher entscheidend, um Ausbrüche vorherzusagen und Risiken zu minimieren. Wissenschaftler nutzen Techniken wie seismische Überwachung, Messung von vulkanischen Gasemissionen und Satellitenbildgebung, um vulkanische Aktivitäten zu überwachen. Die Überwachung des Mount Saint Helens zum Beispiel ermöglichte die Vorhersage seines Ausbruchs im Jahr 1980 und ermöglichte es den Behörden, Sicherheitsmaßnahmen zu ergreifen und viele Leben zu retten.

Schichtvulkane sind auch wichtige Stätten für die

wissenschaftliche Forschung. Vulkanische Gesteine und bei Ausbrüchen abgelagerte Sedimente können Informationen über die geologische Geschichte der Erde liefern, einschließlich der Entstehung der tektonischen Platten und der Entwicklung des Lebens. Schichtvulkane können auch dazu dienen, die Auswirkungen vulkanischer Ausbrüche auf die Umwelt und die menschliche Gesundheit zu untersuchen.

## Schlackenkegelvulkane

Schlackenkegelvulkane, auch bekannt als Stromboli-Vulkane, sind eine häufige Art von Vulkanen auf der ganzen Welt. Wie der Name schon sagt, haben diese Vulkane eine kegelförmige Form, die hauptsächlich aus Schlacke und Asche besteht. Schlackenkegelvulkane entstehen durch explosive Ausbrüche, bei denen große Mengen an Asche, Schlacke und Felsbrocken aus dem Vulkankegel geschleudert werden.

Die Ausbrüche von Schlackenkegelvulkanen sind in der Regel von geringer Intensität und erzeugen relativ kurze und zähe Lavafontänen. Die Lavaströme können jedoch erhebliche Schäden verursachen und eine Gefahr für die umliegenden Bevölkerung darstellen. Daher ist die Überwachung und Vorhersage von Ausbrüchen dieser Vulkane von großer Bedeutung, um die Sicherheit der umliegenden Gemeinden zu gewährleisten.

Diese Vulkane können an den Hängen größerer Vulkane als Nebenkrater oder als eigenständige Vulkane gefunden werden. Sie werden oft mit Barbecue-Schornsteinen verglichen, bei denen die Lava durch glühende Glut ersetzt wird, die in alle Richtungen geschleudert wird. Obwohl weniger beeindruckend als andere Vulkantypen, können Schlackenkegel dennoch erhebliche Schäden verursachen und eine Gefahr für die umliegende Bevölkerung darstellen.

Schlackenkegelvulkane haben im Laufe der Geschichte eine bedeutende Auswirkung auf die menschlichen Gemeinschaften gehabt. Die Ruinen der römischen Stadt Pompeji, die 79 nach Christus durch einen Ausbruch des Vesuvs zerstört wurde, sind ein berühmtes Beispiel dafür, wie vulkanische Ausbrüche den Lauf der Geschichte verändern können. In jüngerer Zeit hat der Ausbruch des Mount St. Helens im Jahr 1980 einen großen Teil des Staates Washington verwüstet und viele Menschenleben gefordert sowie erhebliche Sachschäden verursacht.

Trotz ihres potenziellen Risikos ziehen Schlackenkegelvulkane aufgrund ihrer Schönheit und Zugänglichkeit weiterhin Touristen aus aller Welt an. Die Vulkane auf der Insel Hawaii sind besonders für ihre spektakuläre Schönheit und Zugänglichkeit bekannt. Die Besucher müssen jedoch vorsichtig sein und die Warnungen und Einschränkungen der örtlichen Behörden respektieren.

Aufgrund ihrer explosiven Natur sind Schlackenkegelvulkane besonders unvorhersehbar. Ausbrüche können durch subtile Veränderungen des Drucks oder der Magma-Zusammensetzung ausgelöst werden, was ihre Überwachung erschwert. Trotzdem haben Wissenschaftler ausgeklügelte Werkzeuge zur Überwachung von Vulkanen und zur Vorhersage von Ausbrüchen entwickelt. Zum Beispiel können Messgeräte für vulkanische Gase Veränderungen in der

Gaszusammensetzung eines Vulkans erkennen, was Hinweise auf Magma-Bewegungen liefert.

## Unterwasservulkane

Unterwasservulkane sind oft ein wenig bekannter und faszinierender Aspekt unseres Planeten. Sie befinden sich in den Ozeanen, oft in der Nähe von Plattenrändern, wo die ozeanische Kruste dünner ist und vulkanische Eruptionen wahrscheinlicher sind.

Diese Vulkane bilden sich ähnlich wie Landvulkane, aber die Unterwasserbedingungen sind unterschiedlich, was zu einzigartigen geologischen Formationen führt, die oft stark von Landvulkanen abweichen. Unterwasservulkane sind hauptsächlich Riftvulkane, bei denen heißes Magma aus Rissen in der ozeanischen Kruste austritt und schnell mit kaltem Wasser in Kontakt kommt, um basaltische Säulen und Lavenkissen zu bilden. Diese geologischen Formationen sind oft seltsamer und bizarrer als Landvulkane, da sie von den einzigartigen Eigenschaften des Wassers beeinflusst werden.

Unterwasservulkane haben eine bedeutende Auswirkung auf die Meeresumwelt. Unterwassereruptionen können enorme Mengen an Gasen, Asche und Lava ins Wasser freisetzen und große Veränderungen in Unterwasserökosystemen verursachen. Unterwasserlavaströme können auch Meeresströmungen und Meeresböden verändern und neue Lebensräume für Organismen schaffen, die unter solchen extremen Bedingungen überleben können.

Unterwasservulkane spielen auch eine wichtige Rolle bei der Bildung von Inseln und Archipelen in den Ozeanen. Zum Beispiel wurden die Galápagos-Inseln und Hawaii von Unterwasservulkanen gebildet, die aus dem Wasser aufgestiegen sind und über den Meeresspiegel hinausragen. Die meisten Unterwasservulkane sind jedoch nicht groß genug, um aus dem Wasser aufzutauchen, und bleiben daher unter Wasser.

Die Überwachung und Vorhersage von Unterwassereruptionen ist aufgrund der Zugänglichkeit der Unterwasservulkane besonders schwierig. Wissenschaftler verwenden Instrumente wie Drucksensoren, Seismometer und Kameras, um Unterwasservulkane aus der Ferne zu überwachen. Diese Techniken reichen jedoch nicht immer aus, um Unterwassereruptionen genau vorherzusagen. Forscher suchen daher ständig nach neuen Methoden, um Unterwasservulkane zu untersuchen und ihr Verhalten zu verstehen.

Schließlich haben Unterwasservulkane auch wichtige Auswirkungen auf die Nutzung mariner Ressourcen. Unterwasser-Fumaroletische Felder, die sich um Unterwasservulkane bilden, können eine Quelle für Mineralien und Edelmetalle sein, aber ihre Ausbeutung kann auch negative Umweltauswirkungen haben.

# Rift-Vulkane und Spaltenausbrüche

Rift-Vulkane bilden sich an Stellen, an denen die Erdplatten auseinander driften und die Erdkruste sich dehnt und Risse bildet. Diese Risse ermöglichen es dem Magma aus den Tiefen der Erde, an die Oberfläche zu gelangen und Vulkane zu bilden.

Rift-Vulkane befinden sich hauptsächlich in Gebieten, in denen die tektonischen Platten auseinanderdriften, wie dem Ostafrikanischen Grabenbruch, dem Nordatlantik-Riftsystem und dem Südatlantik-Riftsystem. Diese Regionen zeichnen sich durch häufige Erdbeben und signifikante vulkanische Aktivitäten aus.

Die Eruptionen der Rift-Vulkane sind in der Regel effusiv, was bedeutet, dass das Magma flüssig ist und leicht über große Entfernungen fließen kann. Die Eruptionen sind daher weniger explosiv als die anderer Vulkantypen wie Schichtvulkane.

Die Lavaströme der Rift-Vulkane sind oft spektakulär und erstrecken sich über Kilometer, wodurch beeindruckende vulkanische Landschaften entstehen. Rift-Vulkane wurden auch mit Lava-Springbrunnen in Verbindung gebracht, die beeindruckende Höhen erreichen können.

Spaltenausbrüche sind lineare Öffnungen in der Erdkruste, aus denen Eruptionen entstehen. Diese Ausbrüche können in Vulkanregionen auftreten, die sich noch im Entstehen befinden, wie Island und Hawaii.

Die Eruptionen bei Spaltenausbrüchen sind ebenfalls oft effusiv und produzieren Lavaströme, die über Kilometer fließen können. Diese Ausbrüche sind weniger explosiv als bei Schichtvulkanen, können jedoch dennoch erheblichen Schaden anrichten.

Rift-Vulkane und Spaltenausbrüche sind für die Vulkanologie wichtig, da sie ein besseres Verständnis der Plattentektonik und der Entwicklung der Erdkruste ermöglichen. Darüber hinaus haben die Ausbrüche dieser Vulkane einen signifikanten Einfluss auf die Umwelt und beeinflussen die Luft- und Wasserqualität sowie die lokalen Ökosysteme.

Insgesamt sind Rift-Vulkane und Spaltenausbrüche faszinierende vulkanische Strukturen, die viel zur Vulkanologie beitragen. Ihre Erforschung ermöglicht ein besseres Verständnis der Dynamik der Erde und der geologischen Prozesse, die in unserem Planeten stattfinden, sowie der komplexen Wechselwirkungen zwischen Vulkanen, Plattentektonik und lokalen Ökosystemen.

## Schlammvulkane

Schlammvulkane, auch als Schlammschlote oder Fangovulkane bekannt, sind interessante und oft unbekannte geologische Phänomene. Im Gegensatz zu herkömmlichen Vulkanen, die Lavaausbrüche verursachen, erzeugen Schlammvulkane Schlamm-, Wasser- und vulkanische Gasausbrüche.

Diese Vulkane finden sich auf der ganzen Welt, aber die

meisten befinden sich in aktiven Plattentektonik- oder geologisch instabilen Gebieten. Schlammvulkane bilden sich, wenn Grundwasser mit vulkanischen Sedimenten und Gasen gemischt wird. Unter Druck kann diese Mischung an die Oberfläche gelangen und einen Schlammausbruch verursachen.

Schlammeruptionen können in Größe und Dauer erheblich variieren, von kleinen Ausbrüchen, die nur wenige Stunden dauern, bis zu größeren Ausbrüchen, die Monate oder sogar Jahre andauern können. Der von diesen Ausbrüchen erzeugte vulkanische Schlamm besteht im Allgemeinen aus Asche, Sand und organischen Materialien. Die emittierten Gase können Methan, Schwefelwasserstoff, Stickstoff und Kohlendioxid umfassen, unter anderem. Diese Gase können für die menschliche Gesundheit und lokale Ökosysteme gefährlich sein, da sie giftig oder erstickend sein können.

Schlammvulkane haben einen bedeutenden Einfluss auf die lokale Umwelt. Sie können die Topografie des Geländes verändern, neue Gewässer schaffen, die Qualität des Trinkwassers beeinflussen und die umliegenden Ökosysteme beeinträchtigen. Schlammvulkanausbrüche können auch Schäden an lokaler Infrastruktur wie Straßen, Brücken, Gebäuden und Wasserversorgungsnetzen verursachen.

Trotz dieser Risiken sind Schlammvulkane oft eine beliebte Touristenattraktion aufgrund ihrer Einzigartigkeit und Zugänglichkeit. Sie können sicher besucht werden, wenn die notwendigen Vorsichtsmaßnahmen getroffen und die örtlichen Sicherheitsrichtlinien befolgt werden. Die örtlichen Behörden haben Maßnahmen zum Schutz von Besuchern und Einheimischen ergriffen, einschließlich regelmäßiger Überwachung von Schlammvulkanen und der Einrichtung von Evakuierungsplänen im Notfall.

Abgesehen von ihrem touristischen Interesse sind Schlammvulkane auch für die wissenschaftliche Forschung wichtig. Schlammausbrüche können Wissenschaftlern helfen, die geologischen Prozesse bei der Bildung von Vulkanen und die Beschaffenheit der Erdkruste besser zu verstehen.

Zudem können Schlammvulkane auch zur Gewinnung von geothermischer Energie genutzt werden. Die mit diesen Vulkane verbundenen Dampf- und Heißwasserreservoirs können zur Stromerzeugung verwendet werden. Diese erneuerbare und saubere Energiequelle kann zur Verringerung von Treibhausgasemissionen beitragen und den Übergang zu einer kohlenstoffarmen Wirtschaft unterstützen.

# Die außerirdischen Vulkane

## Vulkanismus auf dem Mond

Vulkanismus ist nicht auf die Erde beschränkt, und der Mond ist ein faszinierendes Beispiel dafür. Die Oberfläche des Mondes ist mit Kratern, Bergen, Tälern und anderen geologischen Merkmalen bedeckt, die durch verschiedene Prozesse, einschließlich Vulkanismus, geformt wurden. Obwohl der Mond nicht mehr vulkanisch aktiv ist, hat sein vulkanischer Hintergrund eine wichtige Rolle bei seiner Entstehung und Entwicklung gespielt.

Der Vulkanismus auf dem Mond ist das Ergebnis einer Kombination verschiedener Faktoren, darunter vergangene geologische Aktivitäten, die chemische Zusammensetzung des Mondes und das Fehlen einer Atmosphäre. Die vulkanischen Eruptionen auf dem Mond unterscheiden sich aufgrund dieser Faktoren von denen auf der Erde.

Die Vulkane auf dem Mond sind in der Regel Schildvulkane, Domvulkane oder Schlackenkegelvulkane. Schildvulkane sind die größten und häufigsten und zeichnen sich durch fließende Lava aus, die über weite Strecken fließt, bevor sie abkühlt und erstarrt. Domvulkane sind kleiner und kompakter, mit zähflüssiger Lava, die schneller abkühlt und erstarrt. Schlackenkegelvulkane sind kleiner und explosiver, mit Asche- und pyroklastischen Eruptionen.

Der größte bekannte Vulkan im Sonnensystem, der Olympus Mons, befindet sich auf dem Mars, aber auch der Mond besitzt beeindruckende Vulkane. Zum Beispiel erreicht der Mons Piton auf der sichtbaren Seite des Mondes eine Höhe von etwa 2.200 Metern und ist von einem 15 km breiten Caldera umgeben.

Vulkanische Eruptionen auf dem Mond haben vulkanisches Material wie Mondstaub, Gestein und Mineralien produziert, die von Mondexplorationsmissionen untersucht und analysiert wurden. Diese Materialien haben wichtige Informationen über die Entstehung und Entwicklung des Mondes sowie über vulkanische Prozesse im Allgemeinen geliefert.

Der Vulkanismus auf dem Mond hat auch Auswirkungen auf das Klima und die Umwelt des Mondes gehabt. Vulkangase haben wahrscheinlich Auswirkungen auf die dünne Mondatmosphäre, während Lavaströme die Mondoberfläche verändert haben und einzigartige Landschaften und geologische Merkmale geschaffen haben.

Letztendlich ist der Vulkanismus auf dem Mond ein faszinierender Aspekt der geologischen Geschichte unseres Sonnensystems. Obwohl der Mond nicht mehr vulkanisch aktiv ist, können uns Studien über seinen Vulkanismus helfen, vulkanische Prozesse auf der Erde und im gesamten Sonnensystem besser zu verstehen.

# Vulkanismus auf dem Mars

Der Vulkanismus auf dem Mars ist ein Schlüsselmerkmal des roten Planeten, das Wissenschaftler und Astronomie-Enthusiasten seit Jahrzehnten fasziniert. Die Vulkane auf dem Mars unterscheiden sich in Größe und Zusammensetzung erheblich von denen auf der Erde und sind daher ein faszinierendes Forschungsgebiet für Vulkanologen und Geologen.

Der rote Planet beherbergt mehrere berühmte Vulkane, darunter die riesigen Schildvulkane in der Tharsis-Region. Der größte von ihnen, Olympus Mons, ist der größte bekannte Vulkan unseres Sonnensystems und erreicht eine Höhe von 22 Kilometern und bedeckt eine Fläche größer als ganz Arizona. Die Vulkane in Tharsis haben eine flache und breite Kuppelform und ihre Eruptionen sind hauptsächlich effusiv, d.h. die Lava fließt langsam und sanft die Hänge hinunter.

Aber nicht alle Vulkane auf dem Mars haben die gleiche Form. Es gibt auch stratovulkanähnliche Vulkane, die mit denen auf der Erde vergleichbar sind. Diese Vulkane sind kleiner als die in Tharsis, aber immer noch imposant und erreichen eine Höhe von mehreren Kilometern.

Die Vulkane auf dem Mars bestehen größtenteils aus Basalt, einem vulkanischen Gestein, das auch auf der Erde häufig vorkommt. Die Lava, die auf dem Mars austritt, unterscheidet sich jedoch von der auf der Erde fließenden Lava. Aufgrund der geringeren Schwerkraft des roten Planeten fließt die Lava schwieriger, was zu breiteren und flacheren Vulkanen führt.

Die Ursache für vulkanische Aktivität auf dem Mars ist ähnlich wie auf der Erde durch Plattentektonik bedingt. Auf dem Mars ist diese Aktivität jedoch mit einer Schwächezone in der Marskruste namens «Tharsis Rift Zone» verbunden. Diese Rift Zone ermöglichte es der Lava, leicht zu fließen und ausgedehnte Lavafelder zu bilden, die ein häufiges Merkmal der Marsoberfläche sind.

Der Vulkanismus auf dem Mars hat auch interessante Auswirkungen auf die Suche nach Leben auf anderen Planeten. Vulkane können einzigartige Umweltbedingungen schaffen, die das Auftreten und Überleben von Leben begünstigen könnten. Darüber hinaus enthält die von den marsianischen Vulkanen ausgestoßene Lava Mineralien und Elemente, die für die Herstellung von Baumaterialien und Treibstoffen auf dem Planeten nützlich sein könnten.

Die Erforschung des Vulkanismus auf dem Mars kann dazu beitragen, die Geschichte und Geologie des roten Planeten sowie die Auswirkungen auf die Suche nach Leben und die menschliche Besiedlung des Mars zu verstehen. Die marsianischen Vulkane bieten einen einzigartigen Einblick in die vulkanische Aktivität in unserem Sonnensystem und eröffnen aufregende Möglichkeiten für wissenschaftliche Forschung und Weltraumerkundung.

## Vulkanismus auf Io

Io ist einer der Monde des Jupiter und gilt als der vulkanisch aktivste Körper unseres Sonnensystems. Der Mond wurde 1610 von Galileo Galilei entdeckt. Er besitzt eine heiße

Innere und starke Gezeitenkräfte, die von Jupiter und den benachbarten Monden ausgeübt werden und seine konstante vulkanische Aktivität aufrechterhalten.

Auf Io wird der Vulkanismus hauptsächlich durch Silikat-Magma gespeist, das aus Rissen und Spalten in der Kruste des Mondes spritzt. Die Eruptionen können Höhen von mehreren Kilometern in die dünne Atmosphäre des Mondes erreichen und Lavaströme, Aschewolken und Gasaustritte erzeugen, die sich über Hunderte von Kilometern im Raum ausbreiten. Die meisten Vulkane auf Io befinden sich auf der am aktivsten Vulkanismus betreibenden Oberfläche des Mondes, in der Nähe des Äquators.

Wissenschaftler haben verschiedene Arten von Vulkanen auf Io beobachtet, darunter Schildvulkane, Calderen, Schrägkegel und Spaltenvulkane. Die Lavaströme auf Io sind besonders bemerkenswert aufgrund ihrer Länge, die Hunderte von Kilometern erreichen kann. Die Ausbrüche auf Io gehen oft mit seltsamen Wetterphänomenen einher, wie der Bildung von Schwefeldioxidwolken und anderen Gasen, die mit hoher Geschwindigkeit um den Mond herumziehen. Die Ausbrüche können auch Blitzentladungen erzeugen, die den nächtlichen Himmel erhellen.

Die Erforschung des Vulkanismus auf Io kann wichtige Informationen darüber liefern, wie Vulkane in anderen Teilen unseres Sonnensystems funktionieren. Die aktiven Vulkane auf Io helfen uns zu verstehen, wie geologische Prozesse in extremen Umgebungen stattfinden können und wie Gezeitenkräfte himmlische Körper beeinflussen können. Die Beobachtungen der Oberfläche von Io haben auch zu einem besseren Verständnis der Chemie des Mondes und seiner inneren Struktur beigetragen.

Neben den Vulkanen hat Io auch Schwefelseen und Gasgeysire. Schwefelseen sind Becken mit geschmolzenem Schwefel, die als helle Flecken auf der Oberfläche des Mondes erscheinen. Gasgeysire sind Gassäulen, die bis zu 300 Kilometer über die Oberfläche des Mondes hinausragen.

## Weitere Beispiele für Vulkanismus in unserem Sonnensystem

Wenn wir an Vulkane denken, denken viele von uns sofort an ausbrechende Berge auf der Erde, aber wussten Sie, dass auch andere Himmelskörper Vulkane haben? Unser Sonnensystem ist tatsächlich voller faszinierender und einzigartiger vulkanischer Phänomene.

Enceladus, einer der Monde des Saturn, hat ebenfalls aktive Geysire aus Eis und Wasserdampf. Wissenschaftler glauben, dass diese Geysire von unterirdischen Seen mit flüssigem Wasser gespeist werden, die von der internen Wärme des Mondes erwärmt werden.

Auch Triton, der größte Mond des Neptun, zeigt vulkanische Aktivität. Wissenschaftler vermuten, dass die Ausbrüche auf Triton durch die interne Wärme verursacht werden, die durch die gravitative Verformung des Mondes entsteht.

Venus, oft als Zwilling der Erde betrachtet, ist ebenfalls mit Vulkanen bedeckt. Wissenschaftler haben Hunderte von aktiven und inaktiven Vulkanen auf der Oberfläche der Venus entdeckt, die größer und zahlreicher sind als die auf der Erde.

Auch der Titan, der größte Mond des Saturn, hat Anzeichen für vulkanische Aktivität gezeigt. Wissenschaftler haben strukturelle Ähnlichkeiten zu Vulkanen auf der Oberfläche des Titans entdeckt, aber es gibt noch keine endgültigen Beweise für ihre Aktivität.

Mimas, ein kleiner Mond des Saturn, hat einen riesigen Krater namens Herschel, der merkwürdigerweise wie ein kegelförmiger Vulkan aussieht. Die Wissenschaftler glauben jedoch, dass der Krater durch den Einschlag eines Asteroiden und nicht durch vulkanische Aktivität entstanden ist.

Schließlich hat Ganymed, der größte Mond des Jupiter, Anzeichen für Vulkanismus in ferner Vergangenheit gezeigt. Die Wissenschaftler haben strukturelle Ähnlichkeiten zu Lavaströmen auf der Oberfläche von Ganymed entdeckt, die auf vergangenen vulkanischen Aktivitäten hindeuten könnten.

Diese Beispiele von Vulkanen in unserem Sonnensystem erinnern uns daran, dass vulkanische Phänomene universell sind und nicht auf die Erde beschränkt sind. Sie sind das Ergebnis komplexer und faszinierender geologischer und astronomischer Kräfte, die unser Sonnensystem auch heute noch formen.

# Formen und vulkanische Strukturen

## Vulkankegel

Vulkankegel sind kegelförmige Strukturen, die sich durch explosive Ausbrüche von viskosem Magma und feste Gesteinsfragmente namens Tephra bilden. Diese Ausbrüche erzeugen pyroklastische Ströme, pyroklastische Ablagerungen, Asche und vulkanische Gase, die sich kilometerweit ausbreiten können. Vulkankegel können mehrere Kilometer hoch werden und werden oft mit gewalttätigen und zerstörerischen Eruptionen in Verbindung gebracht.

Vulkankegel werden normalerweise in mehreren Phasen gebaut, wobei sich Schichten von Tephra und Lava allmählich um den zentralen Krater ansammeln. Die Ausbrüche können Monate oder sogar Jahre dauern, und die Menge an ausgestoßenem Material kann enorm sein. Vulkankegel befinden sich oft auf kollidierenden tektonischen Platten, wo die Untertreibung der Erdkruste Bedingungen für die Bildung von Magma schafft.

Vulkankegel sind faszinierende Naturphänomene, können aber auch für die nahegelegene Bevölkerung sehr gefährlich sein. Ausbrüche können Schlammlawinen erzeugen, die aus Asche und Gestein bestehen und die umliegenden Gebiete verwüsten können. Vulkane Asche kann auch das globale Klima beeinflussen, indem sie die Sonnenstrahlung blockiert und die Erdoberfläche abkühlt.

Aufgrund ihres zerstörerischen Potenzials werden Vulkankegel von Vulkanologen genauestens überwacht. Maßnahmen wie seismische Überwachung, Messung von vulkanischen Gasen und Kartierung von Gefahrenzonen werden eingesetzt, um Katastrophen zu verhindern und die lokale Bevölkerung zu schützen. Trotz der mit Vulkankegeln verbundenen Gefahren bieten sie auch Möglichkeiten für Ökotourismus und wissenschaftliche Forschung.

## Lavakuppeln

In diesem Abschnitt werden wir uns mit Kalderas befassen, einer einzigartigen und faszinierenden vulkanischen Form. Kalderas sind ausgedehnte kreisförmige oder bogenförmige Vertiefungen, die entstehen, wenn der Gipfel eines Vulkans im Zuge eines massiven vulkanischen Ausbruchs zusammenbricht. Dieser Prozess kann schnell oder langsam über die Zeit hinweg geschehen, hinterlässt aber in jedem Fall eine spektakuläre Caldeira, die sich über Dutzende von Kilometern erstrecken kann.

Kalderas kommen in vielen vulkanischen Regionen der Welt vor, darunter Island, Hawaii, Indonesien, Japan und den Anden. Sie können aus allen Arten von Vulkanen entstehen, einschließlich Schildvulkanen, Stratovulkanen und Spaltenvulkanen.

Kalderas können in Größe und Form stark variieren, haben aber alle etwas gemeinsam: Sie bieten Einblicke in die vulkanische Geschichte der Region. Die freigelegten Gesteins- und Ascheschichten in den Wänden der Kaldera können

Vulkanologen dabei helfen, die eruptive Geschichte des Vulkans zurückzuverfolgen und zu bestimmen, wann und wie er zusammengebrochen ist.

Kalderas sind auch faszinierende Orte, um geothermische Phänomene zu untersuchen. Viele Kalderas sind mit Seen, heißen Quellen und Fumarolen gefüllt, die auf das Vorhandensein von Magma und Hitze unter der Oberfläche hinweisen. Diese Phänomene können erforscht werden, um die geologischen Prozesse unter der Erdoberfläche besser zu verstehen.

Neben ihrem wissenschaftlichen Interesse sind Kalderas auch beliebte Reiseziele für Touristen. Bekannte Kalderas wie die Yellowstone-Caldera in den USA locken jedes Jahr Millionen von Besuchern an. Es ist wichtig zu betonen, dass Kalderas gefährliche Umgebungen sind und Besucher strenge Sicherheitsanweisungen befolgen müssen, um das Risiko von Vulkanausbrüchen, Erdrutschen und giftigen vulkanischen Gasen zu vermeiden.

## Lavastrom

Lavastrom ist eines der faszinierendsten Phänomene von Vulkanausbrüchen. Ein Lavastrom ist ein Strom von Magma, der über den Boden fließt und normalerweise Temperaturen von über 1000 °C erreicht. Lavastürme können je nach Viskosität des Magmas und der Topographie des Ausbruchgebietes verschiedene Formen annehmen.

Lavastürme können in zwei Haupttypen unterteilt werden:

fließende Lavastürme und explosive Lavastürme. Fließende Lavastürme sind die häufigsten und treten auf, wenn das Magma flüssig ist und leicht fließt. Diese Ströme sind in der Regel langsam, können jedoch weite Strecken zurücklegen und wochen- oder monatelang dauern. Explosive Lavastürme dagegen treten auf, wenn das Magma zähflüssiger ist und Druck innerhalb des Vulkans aufbaut. Wenn dieser Druck freigesetzt wird, kann er eine Explosion verursachen, bei der Fragmente von Magma und Gestein in alle Richtungen geschleudert werden.

Lavaströme haben einen erheblichen Einfluss auf die Umwelt. Sie können ganze Städte und Dörfer zerstören, Flüsse blockieren, neue Landschaften kreieren und sogar das langfristige Klima verändern. Lavaströme können auch positive Auswirkungen haben, indem sie Böden anreichern und neue Lebensräume für Pflanzen und Tiere schaffen.

Lavastürme zu beobachten ist faszinierend, aber es ist wichtig zu bedenken, dass sie äußerst gefährlich sein können. Es ist daher unerlässlich, den Anweisungen der örtlichen Behörden bei Vulkanausbrüchen zu folgen und niemals einem Lavastrom ohne angemessene Ausbildung und Ausrüstung zu nahe zu kommen.

## Basaltische Plateaus

Basaltische Plateaus sind ausgedehnte vulkanische Strukturen, die oft mit Hotspots assoziiert werden. Diese riesigen Gebiete aus Basaltgestein entstehen durch die Ansammlung zahlreicher Lavastrom-Ausbrüche, die über lange Zeiträume hinweg von vulkanischen Spalten ausgestoßen werden.

Ein bekanntes Beispiel für ein basaltisches Plateau ist die Deccan-Region in Indien. Dieses Plateau erstreckt sich über eine Fläche von fast 500.000 km² und ist das Ergebnis intensiver vulkanischer Aktivität vor etwa 65 Millionen Jahren. Dieser Ausbruch hatte einen bedeutenden Einfluss auf die terrestrische Biodiversität und trug wahrscheinlich zum Aussterben der Dinosaurier bei.

Ein weiteres wichtiges Beispiel ist das Columbia-Plateau im Nordwesten der Vereinigten Staaten. Dieses Plateau besteht aus Basaltschichten, die vor etwa 17 Millionen Jahren während der Aktivität des Yellowstone-Hotlinie entstanden sind. Das Columbia-Plateau ist heute eine fruchtbare Region für Landwirtschaft und Viehzucht.

Basaltische Plateaus kommen auch auf anderen Planeten vor, insbesondere auf dem Mars, wo Gebiete wie Tharsis und Elysium Beispiele für ausgedehnte vulkanische Regionen sind. Die Erforschung dieser Plateaus auf anderen Planeten kann wichtige Informationen über Plattentektonik und die geologische Entwicklung himmlischer Körper liefern.

Basaltische Plateaus können eine wertvolle Ressource für die Menschheit sein, insbesondere aufgrund des Vorhandenseins seltener Metalle und Mineralien im Basaltgestein. Die Ausbeutung dieser Ressourcen kann jedoch erhebliche Umweltauswirkungen haben, insbesondere auf die Luft- und Wasserverschmutzung.

Abschließend ist die Entstehung basaltischer Plateaus ein wichtiges Forschungsthema in der Vulkanologie. Das Verständnis der Prozesse, die zur Bildung dieser vulkanischen Strukturen führen, kann helfen, zukünftige Ausbrüche vorherzusagen und die geologische Entwicklung unseres Planeten besser zu verstehen.

# Die Entwicklung eines Vulkans im Laufe der Zeit

Die Entwicklung eines Vulkans im Laufe der Zeit ist ein komplexer Prozess, der sich über Tausende oder sogar Millionen von Jahren erstrecken kann. Alles beginnt mit der Bildung einer Magmakammer unter der Erdoberfläche. Diese Magmakammer ist mit Magma gefüllt, einer Mischung aus geschmolzenem Gestein, Gasen und Kristallen.

Im Laufe der Zeit steigt der Druck in der Magmakammer, was zu einem Vulkanausbruch führen kann. Wenn das Magma die Erdoberfläche erreicht, kühlt es ab und erstarrt zu vulkanischen Gesteinen wie Lava, Asche und Schlacke.

Nach einem Ausbruch kann ein Vulkan in eine Ruhephase eintreten, in der er jahrelang oder sogar jahrhundertelang inaktiv bleibt. Während dieser Zeit kann sich die Magmakammer erneut mit Magma füllen, um sich auf den nächsten Ausbruch vorzubereiten.

Im Laufe der Zeit können Vulkanausbrüche die Struktur des Vulkans verändern. Lavaströme können neue Schichten von vulkanischem Gestein bilden, die die alten überlagern. Explosive Ausbrüche können Krater und Kalderas erzeugen, die zusammenbrechen und Einsenkungen an der Flanke des Vulkans bilden können.

Auch die Zeit kann die Zusammensetzung der vulkanischen Gesteine beeinflussen. Metamorphose- und Metasomatoseprozesse können die Zusammensetzung der Gesteine verändern, indem sie bestehende Minerale umwandeln und neue chemische Elemente in das Gestein einbeziehen.

Die Entwicklung eines Vulkans wird auch von seiner geographischen Lage beeinflusst. Vulkane, die sich auf Hotspots befinden, können stabiler sein und eine gleichmäßigere Form haben, während Vulkane in Subduktionszonen instabiler sein können und eine unregelmäßigere Form aufweisen.

Schließlich wird die Entwicklung eines Vulkans auch von menschlichen Aktivitäten beeinflusst. Bergbau, Dammbau und geothermische Aktivitäten können die Struktur eines Vulkans stören und sein eruptives Verhalten beeinflussen.

# Vulkanische Produkte

## Die Arten von Lava

Vulkane produzieren eine Vielzahl von Lavaarten mit einzigartigen Eigenschaften, die von den Bedingungen ihrer Entstehung und ihres Ausbruchs abhängen. Es ist wichtig, die verschiedenen Arten von Lava zu verstehen, um die Eigenschaften vulkanischer Ausbrüche und die daraus resultierenden potenziellen Gefahren besser verstehen zu können.

Basaltische Laven sind die häufigsten und werden von Schildvulkanen produziert. Sie haben eine geringe Viskosität, was es ihnen ermöglicht, leicht über weite Strecken zu fließen und basaltische Plateaus zu bilden. Basaltische Lavaströme werden oft von Lavafontänen begleitet, die aus dem Vulkangipfel spritzen.

Andesitische Laven sind viskoser als basaltische Laven und werden oft von Schichtvulkanen produziert. Sie können Lavadome bilden, die sich an der Oberfläche des Vulkans ansammeln. Diese Dome können sehr instabil sein und explosive Ausbrüche verursachen.

Rhyolithische Laven sind die viskosesten und explosivsten. Sie werden oft von Calderas und Supervulkanen produziert. Rhyolithische Eruptionen erzeugen viskose Lavaströme, pyroklastische Explosionen und glühende Aschewolken, die weite Gebiete verwüsten können.

Neben den drei Hauptlavaarten gibt es auch phonolithische und trachytische Laven, die sich in Bezug auf Viskosität und chemische Zusammensetzung zwischen basaltischen und rhyolithischen Laven befinden. Diese Lavaarten werden oft von Vulkanen mit einer spezifischen chemischen Zusammensetzung erzeugt und sind selten.

Die Kenntnis der verschiedenen Lavaarten ist entscheidend, um vulkanische Ausbrüche vorherzusagen und die mit jedem Ausbruchstyp verbundenen Risiken zu bewerten. Basaltische Laven können Brände und Schäden an Infrastrukturen verursachen, während andesitische und rhyolithische Laven zerstörerischer sein können und Störungen auf regionaler oder sogar globaler Ebene verursachen können.

## Lavatunnel

Lavatunnel sind geologische Wunder, die entstehen, wenn ein fließender Lavastrom unter einer festen Oberflächenkruste Verbindung findet und so einen unterirdischen Tunnel bildet, der sich über mehrere Kilometer erstrecken kann. Diese Tunnel sind oft mit Schildvulkanen verbunden, da diese effusive Ausbrüche erzeugen, bei denen flüssiger Lavastrom große Entfernungen zurücklegen kann.

Erstmals in den 1700er Jahren in Island erkundet, sind Lavatunnel heute zu beliebten touristischen Attraktionen in vielen vulkanischen Regionen der Welt geworden. Neben ihrer touristischen Attraktivität bieten Lavatunnel erstaunliche Möglichkeiten für Wissenschaftler, vulkanische Prozesse und die Geologie der Erde zu studieren.

Lavatunnel sind das Ergebnis komplexer vulkanischer Prozesse, die durch diese einzigartigen Strukturen gründlich untersucht werden können. Besucher haben die Möglichkeit, die wunderschönen Farben und Formen dieser unterirdischen Strukturen zu entdecken, während Wissenschaftler die geologischen Merkmale der Tunnel studieren, um die eruptiven Prozesse, die Vulkane geschaffen haben, besser zu verstehen.

Neben ihrem wissenschaftlichen Wert bieten Lavatunnel auch Möglichkeiten für Ökotourismus und den Schutz der Biodiversität. Studien haben das Vorhandensein einzigartiger Mikroorganismen und spezifischer Fauna in Lavatunneln aufgedeckt, was sie zu faszinierenden Ökosystemen macht, die erforscht werden können.

Der Besuch von Lavatunneln kann jedoch aufgrund der Anwesenheit giftiger Gase und Einsturzgefahren gefährlich sein. Besucher sollten immer von erfahrenen professionellen Führern begleitet werden, um die Risiken zu minimieren und diese Wunder auf sichere Weise zu schätzen.

Lavatunnel haben auch wichtige Auswirkungen auf Kulturen und Mythen vieler Länder. In vielen Kulturen gelten Vulkane als heilige und mystische Orte. Lavatunnel werden oft mit spirituellen Überzeugungen und Mythen in Verbindung gebracht, die Tausende von Jahren zurückreichen.

# Tephra und vulkanischer Asche

Im Rahmen der Vulkanologie sind Tephra und vulkanische Asche wichtige Produkte von Vulkanausbrüchen. Tephra sind Gesteinsfragmente, die von der Größe eines Sandkorns bis zu einem groben Felsbrocken reichen und von einem Vulkanausbruch ausgestoßen werden. Vulkanische Asche sind sehr feine Tephra, etwa körnig wie Staub. Tephra und vulkanische Asche können auf große Höhen emporsteigen und über weite Strecken vom Wind transportiert werden.

Diese vulkanischen Produkte können erhebliche Auswirkungen auf lokale Bevölkerungen, Ökosysteme und Infrastrukturen haben. Tephra können Gebäude und Ernten beschädigen und das menschliche und tierische Leben gefährden. Vulkanische Asche kann die Atemwege und die Augen beeinträchtigen, den Verkehr, die Kommunikation und die Wasserversorgung stören.

Tephra und vulkanische Asche können auch Auswirkungen auf die Umwelt und das Klima haben. Vulkanische Aschepartikel in der Atmosphäre können das Sonnenlicht blockieren und das Klima mehrere Jahre lang abkühlen. Vulkanische Tephra können die Morphologie von Landschaften verändern und neue geologische Formationen schaffen.

Die Vorhersage von Vulkanausbrüchen und den damit verbundenen Tephra- und vulkanischen Aschezuständen ist eine große Herausforderung für Vulkanologen. Tephra und vulkanische Asche werden oft in große Höhen geschleudert, was ihre Erkennung und Überwachung erschwert.

Numerische Modelle können helfen, das Verhalten von Tephra und vulkanischer Asche vorherzusagen, aber diese Modelle basieren auf vereinfachenden Annahmen und liefern nicht immer präzise Vorhersagen.

Im Hinblick auf das Management vulkanischer Risiken ist die Kartierung gefährdeter Gebiete entscheidend, um die negativen Auswirkungen von Tephra und vulkanischer Asche auf lokale Bevölkerungen zu vermeiden. Notfall- und Evakuierungspläne müssen entwickelt werden, um die Sicherheit der Bevölkerung zu gewährleisten und materielle Verluste zu minimieren. Kritische Infrastrukturen wie Flughäfen müssen auch für den Umgang mit Tephra und vulkanischer Asche ausgestattet sein.

## Vulkanische Gase

Vulkane sind faszinierende Phänomene, die einen erheblichen Einfluss auf unsere Umwelt und unser Klima haben. Vulkanausbrüche setzen große Mengen an Gas frei, die dramatische Auswirkungen auf die Bevölkerung und Ökosysteme in der Nähe von Vulkanen haben können. Vulkanische Gase bestehen aus komplexen Gemischen verschiedener Komponenten wie Wasserdampf, Kohlendioxid, Schwefel und Halogene.

Die Zusammensetzung und Menge der vulkanischen Gase variiert je nach Eigenschaften des Magmas, der Bedingungen des Ausbruchs und der lokalen Geologie. Explosive Vulkane wie der Mount St. Helens produzieren gasreiche Ausdünstungen mit hohem Schwefeldioxid-

und Feinpartikelgehalt, die langfristige Auswirkungen auf Luftqualität und menschliche Gesundheit haben können. Effusive Vulkane wie der Kilauea hingegen geben hauptsächlich Wasserdampf und Kohlendioxid ab, die begrenztere Auswirkungen auf die Umwelt haben.

Vulkanische Gase können direkte Auswirkungen auf die Bevölkerung in der Nähe von Vulkanen haben. Vulkanausbrüche können massive Mengen giftiger Gase wie Salzsäure und Flusssäure freisetzen, die chemische Verbrennungen, Augenschäden und Atemwegsprobleme verursachen können. Ausbrüche können auch glühende Aschewolken, Lahare und vulkanische Flutwellen erzeugen, die für die in gefährdeten Gebieten lebenden Menschen äußerst gefährlich sein können.

Vulkanische Gase können auch Auswirkungen in größerem Maßstab haben. Die Emissionen von Schwefeldioxid und Feinpartikeln können sauren Regen verursachen, der sich negativ auf Luftqualität und Oberflächengewässer auswirkt. Die Emissionen vulkanischer Gase können auch zur Abkühlung des Klimas beitragen, indem sie einen Teil des Sonnenlichts reflektieren und die Menge an Licht, die die Erdoberfläche erreicht, verringern.

## Lahare und Schlammlawinen

Lahare und Schlammlawinen sind verheerende Phänomene, die während vulkanischer Ausbrüche auftreten können und erhebliche Risiken für die in der Nähe von Vulkanen lebenden Menschen und Infrastrukturen darstellen.

Lahare sind vulkanische Schlammlawinen, die entstehen, wenn Regenwasser, Schnee oder geschmolzenes Eis mit Asche, Ablagerungen und eruptivem Material vermischt wird und mit hoher Geschwindigkeit die Hänge von Vulkanen hinabströmt. Lahare können extrem schnell sein und Geschwindigkeiten von mehreren zehn Kilometern pro Stunde erreichen und Felsen, Bäume und andere schwere Materialien mit sich führen, die erhebliche Schäden verursachen können.

Schlammlawinen sind Flüsse aus flüssigem Schlamm, die entstehen, wenn eine große Menge Regenwasser oder Schmelzwasser in die eruptiven Ablagerungen eindringt und zu einem Erdrutsch führt. Schlammlawinen können äußerst gefährlich sein, da sie sich schnell bewegen und alles mitreißen können, was sich auf ihrem Weg befindet.

Lahare und Schlammlawinen sind häufige Phänomene bei Vulkanausbrüchen, und es ist wichtig, sie zu überwachen und vorherzusagen, um das Risiko für die Bevölkerung und die Infrastrukturen in der Nähe von Vulkanen zu reduzieren. Überwachungstechniken umfassen den Einsatz von Radargeräten zur Messung von Bodenverformungen, die Beobachtung von Schutthalden, um Anzeichen von Bodenbewegungen zu erkennen, und die Analyse von seismischen Daten zur Erkennung von Anzeichen vulkanischer Aktivität.

Die Vorhersage von Laharen und Schlammlawinen ist eine komplexe Herausforderung, da diese Phänomene schnell und unvorhersehbar auftreten können. Computermodelle können verwendet werden, um das Verhalten von Laharen und Schlammlawinen zu simulieren und ihre Trajektorie vorherzusagen, aber ihre Zuverlässigkeit hängt von der Qualität der Eingangsdaten und der Genauigkeit der Parameter ab.

Das Risikomanagement im Zusammenhang mit Laharen und Schlammlawinen umfasst die Kartierung gefährdeter Gebiete, die Stadtplanung, um den Bau kritischer Infrastrukturen in gefährdeten Gebieten zu vermeiden, und die Einrichtung von Warnsystemen und Evakuierungsplänen zum Schutz der Bevölkerung im Notfall.

## Glühende Aschewolken und Auswürfe

Glühende Aschewolken und Auswürfe sind vulkanische Phänomene, die aufgrund ihrer zerstörerischen Kraft und ihres spektakulären Erscheinungsbildes Furcht und Staunen hervorrufen. Diese Phänomene gehören zu den verheerendsten, die bei einem Vulkanausbruch beobachtet werden können, und können erhebliche Schäden an der örtlichen Bevölkerung, Infrastruktur, Lebensräumen und landwirtschaftlichen Flächen verursachen.

Eine glühende Aschewolke, auch Pyroklast genannt, ist eine Mischung aus heißen Gasen und Gesteinsfragmenten, die mit unglaublicher Geschwindigkeit die Hänge eines Vulkans hinabstürzen kann, manchmal mit Geschwindigkeiten von über 700 km/h. Auswürfe hingegen sind feste Materialien wie Asche und Lavasplitter, die bei einem Ausbruch in die Luft geschleudert werden und auf die umliegenden Gebiete zurückfallen können.

Glühende Aschewolken entstehen, wenn ein Lavakolben oder ein wachsender Vulkan zusammenbricht und heiße Gase und Gesteinsfragmente freisetzt. Wenn der Lavakolben zu instabil wird, stürzt er in sich zusammen und erzeugt eine Lawine von vulkanischem Material, die sich mit beträchtlicher Geschwindigkeit bewegt. Glühende Aschewolken können Entfernungen von bis zu 50 km zurücklegen und Hindernisse wie Hügel und Berge überwinden, um die niedrigsten und am dichtesten besiedelten Gebiete zu erreichen.

Auswürfe hingegen werden in die Luft geschleudert, wenn ein Vulkan ausbricht und durch den Druck der Gase im Magma angetrieben wird. Die Auswürfe können unterschiedliche Größen haben, von der Größe eines Sandkorns bis hin zu einem Haus, und ihre Geschwindigkeit und Flugbahn hängen von vielen Faktoren ab, wie z.B. der Zusammensetzung des Magmas und der Stärke des Ausbruchs. Die Auswürfe können auf große Höhen von mehreren Kilometern geschleudert werden und durch die Winde über lange Strecken transportiert werden, wodurch sie Gefahr für Gebiete hunderte Kilometer vom eruptierenden Vulkan entfernt darstellen.

Um die dramatischen Auswirkungen dieser Phänomene zu verhindern, ist es wichtig, ihren Entstehungsmechanismus und ihr Verhalten zu verstehen. Wissenschaftler haben Techniken zur Überwachung dieser Phänomene entwickelt, wie den Einsatz von Sensoren zur Messung von Druck und Temperatur der aus Vulkanen ausgestoßenen Gase sowie Modellierungstechniken zur Vorhersage der Flugbahn und Streuung von glühenden Aschewolken und Auswürfen. Diese Überwachung ermöglicht eine bessere

Vorhersage von Ausbrüchen und Evakuierungen gefährdeter Bevölkerungsgruppen.

Trotz dieser wissenschaftlichen Fortschritte bleiben glühende Aschewolken und Auswürfe unvorhersehbare Phänomene, die schwer vorherzusehen sind, und es ist daher wichtig, Vorsichtsmaßnahmen zu ergreifen, um die Sicherheit der Menschen in gefährdeten Vulkanregionen zu gewährleisten.

# Prozesse vulkanischer Eruptionen

## Effusive Eruptionen

Effusive Eruptionen sind eine Art von vulkanischer Eruption, bei der die Lava relativ langsam fließt und keine explosiven Ausbrüche verursacht. Diese Eruptionen können Wochen oder sogar Jahre dauern und sind durch die Bildung von Lavaströmen gekennzeichnet, die sich über große Entfernungen erstrecken können.

Effusive Vulkane befinden sich hauptsächlich entlang von Riftzonen und Hotspots, wo das Magma mit geringer Viskosität an die Oberfläche steigt. Effusive Eruptionen treten auf, wenn das Magma hauptsächlich aus Basalt besteht, einem magmatischen Gestein mit einem hohen Siliziumgehalt.

Wenn das Magma die Oberfläche erreicht, kann es Lavaströme bilden, die sich über Kilometer erstrecken, langsam aber stetig. Lavaströme können in zwei Arten unterteilt werden: pahoehoe Lavaströme, glatt und glänzend, und aa Lavaströme, rau und stachelig.

Effusive Eruptionen können für die lokale Bevölkerung gefährlich sein, insbesondere wenn Lavaströme Städte oder Dörfer bedrohen. Lavaströme können erhebliche Schäden an Infrastruktur, Landwirtschaft und besiedelten Gebieten verursachen. Vulkangase können auch für die Gesundheit gefährlich sein, insbesondere für Menschen mit Atemwegserkrankungen.

Effusive Eruptionen können jedoch auch für die Umwelt vorteilhaft sein. Lavaströme können den Boden mit Mineralien anreichern und das Wachstum von Pflanzen und Bäumen fördern. Darüber hinaus können effusive Eruptionen helfen, explosive Eruptionen zu verhindern, indem sie den Druck des Magmas im Vulkan abbauen.

## Explosive Eruptionen

Explosive Eruptionen gehören zu den gewaltigsten und zerstörerischsten vulkanischen Ereignissen. Sie sind gekennzeichnet durch die Freisetzung großer Mengen an pyroklastischem Material wie Asche, Bimsstein, Blöcke und Bomben sowie hochdruckartigen Vulkan gasen. Explosive Eruptionen können erhebliche Schäden an Eigentum, Infrastruktur und menschlichen Leben verursachen.

Die Gewalt von Explosiven Eruptionen ist hauptsächlich auf das Vorhandensein von zähem und gasreichem Magma zurückzuführen. Wenn der Druck der Gase ein kritisches Niveau erreicht, wird das Magma explosiv ausgeworfen und bildet Asche- und Gaswolken, die mehrere Kilometer hoch aufragen können. Diese Wolken können sich über Hunderte von Kilometern erstrecken und die darunter liegenden besiedelten Gebiete beeinflussen.

Explosive Eruptionen können in verschiedenen Arten von Vulkanen auftreten, einschließlich Schichtvulkanen und Schildvulkanen. Schichtvulkane, auch Kegelvulkane genannt, neigen aufgrund ihrer komplexen Struktur und ihres zähen Magmas besonders dazu, explosiv auszubrechen.

Schildvulkane hingegen neigen dazu, effusivere Eruptionen zu haben, da ihr Magma flüssiger ist und einen geringen Gashalt aufweist.

Explosive Eruptionen können auch Phänomene wie pyroklastische Ströme, Glutwolken, Lahare und vulkanische Tsunamis verursachen. Pyroklastische Ströme sind aus heißen Gasen und pyroklastischem Material bestehende Strömungen, die mit Geschwindigkeiten von über 100 km/h die Vulkanhänge hinabziehen.

Glutwolken sind pyroklastische Ströme, die über längere Strecken wandern und die besiedelten Gebiete unterhalb des Vulkans erreichen können. Lahare sind vulkanische Schlammlawinen, die entstehen, wenn eine Mischung aus Wasser, Asche und vulkanischen Blöcken die Hänge des Vulkans hinunterströmt und erhebliche Schäden in den Tälern verursachen kann. Vulkanische Tsunamis sind Wellen, die durch vulkanische Eruptionen verursacht werden und erhebliche Schäden an den Küsten in der Nähe des Vulkans verursachen können.

## Fumarolen und Solfataren

Fumarolen und Solfataren sind spektakuläre und faszinierende vulkanische Erscheinungen. Sie sind häufig auf aktiven Vulkanen zu finden und zeugen von der Anwesenheit von heißen, sauren Gasen, die aus dem Boden entweichen. Fumarolen sind Wasserdampfabgaben, während Solfataren Schwefelgase abgeben.

Diese Phänomene sind oft mit vulkanischer Aktivität verbunden und können an den Hängen und Kratern von Vulkanen beobachtet werden. Fumarolen und Solfataren entstehen durch heiße Gase, die durch magmatische Prozesse innerhalb des Vulkans erzeugt werden. Diese Gase breiten sich durch Gestein aus und steigen an die Oberfläche, wo sie in die Atmosphäre entweichen.

Fumarolen und Solfataren können aufgrund der Anwesenheit von giftigen Gasen wie Schwefeldioxid und Salzsäure für Lebewesen sehr gefährlich sein. Wissenschaftler studieren diese Phänomene, um die vulkanische Aktivität besser zu verstehen und vulkanische Eruptionen zu überwachen.

Fumarolen und Solfataren können auch ökologische Auswirkungen haben. Die abgegebenen Gase können zur Versauerung von Böden und Gewässern beitragen, was negative Auswirkungen auf Fauna und Flora haben kann. Vulkanische Eruptionen können auch negative Auswirkungen auf lokale Bevölkerungen und regionale Wirtschaften haben.

Trotz ihrer Gefahren sind Fumarolen und Solfataren faszinierende vulkanische Erscheinungen, die von der Kraft und Komplexität geologischer Phänomene zeugen. Als Hüter der Erde widmen sich Vulkanologen der Untersuchung und dem Verständnis dieser Phänomene, um vulkanische Eruptionen besser vorherzusagen und Bevölkerung und Ökosysteme zu schützen.

# Vulkanische Tsunamis

Vulkanische Tsunamis sind verheerende Phänomene, die durch Unterwasser- oder Küstenvulkanismus ausgelöst werden können. Sie entstehen durch eine Kombination verschiedener Faktoren wie vulkanische Explosionen, Kollaps von Vulkanflanken und Unterwasser-Rutschungen. Diese Ereignisse können Riesenwellen erzeugen, die sich über Hunderte von Kilometern ausbreiten und Küstengemeinden und Infrastrukturen bedrohen.

Der tödlichste Tsunami in der Geschichte, der Tsunami von 2004 im Indischen Ozean, wurde durch ein Unterwasserbeben ausgelöst. Vulkanische Tsunamis können jedoch auch sehr zerstörerisch sein. Im Jahr 1883 verursachte der Ausbruch des Krakatau in Indonesien einen Tsunami, der mehr als 36.000 Menschen tötete.

Vulkanische Tsunamis können auch erhebliche ökologische Auswirkungen haben. Die Riesenwellen können vulkanisches Material wie Gestein, Asche und Sedimente in Küstengebiete transportieren. Diese Materialien können marine Lebensräume und Küstensysteme beeinflussen, einschließlich Mangroven und Korallenriffs.

Es ist wichtig, aktive Vulkane und Küstenregionen zu überwachen, um Vorzeichen für mögliche vulkanische Tsunamis zu erkennen. Warnsysteme und Evakuierungspläne müssen entwickelt werden, um Küstengemeinden bei der Vorbereitung auf diese Ereignisse zu unterstützen. Die Vulkanologie-Forschung muss weiterhin die Mechanismen untersuchen, die vulkanische Tsunamis steuern, um ihr

Verhalten und ihre Vorhersagbarkeit besser zu verstehen.

## Faktoren, die den Eruptionstyp beeinflussen

Vulkanische Eruptionen sind komplexe Phänomene, die von vielen Faktoren beeinflusst werden können. Mehrere Elemente können dazu beitragen, die Art und Schwere der Eruption zu bestimmen, darunter die Zusammensetzung des Magmas, der Druck im Inneren des Vulkans und das Vorhandensein gelöster Gase im Magma.

Die Art des Magmas im Vulkan kann eine wichtige Rolle bei der Art der Eruption spielen, die stattfindet. Das Magma enthält gelöste Gase, die bei abnehmendem Druck Blasen bilden und entweichen. Wenn das Magma zähflüssig ist, haben die Blasen Schwierigkeiten, zu entweichen, was zu einem Anstieg des Drucks und explosiven Eruptionen führen kann. Wenn das Magma hingegen flüssig ist, können die Gase leicht entweichen und effusive Eruptionen verursachen.

Der Druck im Inneren des Vulkans kann ebenfalls eine wichtige Rolle bei der Art der Eruption spielen, die stattfindet. Ist der Druck hoch, kann dies zu einer explosiven Explosion führen, während bei niedrigerem Druck das Magma leichter aus dem Vulkan fließen kann.

Gelöste Gase im Magma können ebenfalls eine wichtige Rolle bei der Art der Eruption spielen, die stattfindet. Gase wie Wasser, Kohlendioxid und Schwefel können zu Explosionen führen, wenn sie im Magma eingeschlossen sind und nicht entweichen können. Wenn das Magma gasreich ist, kann dies zu gewalttätigeren und explosiveren Eruptionen führen.

Andere Faktoren können ebenfalls Einfluss auf die Art der Eruption haben, wie die Topographie des Vulkans, die seismische Aktivität in der Region und die Zusammensetzung des umgebenden Gesteins.

Letztendlich bedeutet die Komplexität vulkanischer Eruptionen, dass viele Faktoren die Art der Eruption beeinflussen können. Das Verständnis dieser Faktoren ist entscheidend, um Eruptionen vorherzusagen und die Risiken für die in der Nähe aktiver Vulkane lebenden Bevölkerungsgruppen zu reduzieren.

# Berühmte Vulkane und historische Ausbrüche

## Vesuv und Pompeji

Der Vesuv ist einer der bekanntesten Vulkane der Welt aufgrund seiner tumultartigen Geschichte und seiner Nähe zur antiken Stadt Pompeji. Er liegt in der Region Kampanien in Italien und gilt als einer der gefährlichsten aktiven Vulkane. Der Vesuv hat eine Höhe von 1281 Metern und seinen letzten großen Ausbruch hatte er im Jahr 1944.

Die eruptive Geschichte des Vesuvs begann vor etwa 25.000 Jahren mit explosiven Ausbrüchen, die pyroklastische Ströme und Tephra produzierten. Seitdem hat der Vulkan zahlreiche Ausbrüche erlebt, aber derjenige im Jahr 79 n. Chr. war der bekannteste und verheerendste.

Dieser Ausbruch war so gewaltig, dass er die Städte Pompeji, Herculaneum und Stabiae innerhalb weniger Stunden zerstörte und ihre Bewohner unter einer Schicht aus Asche und Gestein begrub. Bei diesem Ausbruch kamen etwa 16.000 Menschen ums Leben.

Seitdem hat der Vesuv mehrere Ausbrüche erlebt, der jüngste fand 1944 statt. Dieser Ausbruch führte zum Tod von 26 Menschen und beschädigte umliegende Städte.

Der Vesuv wird von Wissenschaftlern und Überwachungsteams genau beobachtet, um zukünftige große Ausbrüche zu verhindern. Die Region um den Vulkan wird ebenfalls intensiv überwacht, und die lokalen Behörden haben Evakuierungspläne für die Bewohner im Falle eines Ausbruchs erstellt.

Aufgrund seiner Geschichte und seiner Nähe zur Stadt Pompeji ist der Vesuv eine bedeutende touristische Attraktion in Italien. Besucher können die Schönheit des Vulkans bewundern und mehr über seine eruptive Geschichte erfahren. Es ist jedoch wichtig, die Sicherheitsregeln zu respektieren und den Anweisungen der örtlichen Behörden im Gefahrenfall zu folgen.

## Montagne Pelée und Saint-Pierre

Die Montagne Pelée ist ein bekannter Vulkan auf der Insel Martinique in der Karibik. Dieser über 1.300 Meter hohe Berg ist einer der aktivsten Vulkane in der Karibik und war Schauplatz eines schweren Ausbruchs im Jahr 1902, der die Geschichte der Vulkanologie stark geprägt hat.

Dieser Ausbruch begann am 23. April 1902 mit Vorzeichen wie Gas- und Ascheemissionen. Die lokalen Behörden waren besorgt über Anzeichen von vulkanischer Aktivität und organisierten die Evakuierung einiger gefährdeter Gebiete. Leider unterschätzten sie die Ernsthaftigkeit der Situation und evakuierten nicht die Stadt Saint-Pierre, die sich in unmittelbarer Nähe des Vulkans befand.

Am 8. Mai 1902 eskalierte die Situation schnell. Ein kataklysmischer Ausbruch fand statt, bei dem glühende

Aschewolken mit Hunderten von Kilometern pro Stunde freigesetzt wurden und die Stadt Saint-Pierre binnen weniger Minuten zerstörten und Tausende von Menschen töteten. Diese Katastrophe war eine der tödlichsten in der modernen Vulkanologie und führte weltweit zu einem erhöhten Bewusstsein für die Notwendigkeit, Vulkane und die damit verbundenen Risiken besser zu verstehen.

Der Ausbruch des Montagne Pelée hatte nachhaltige Auswirkungen auf die moderne Vulkanologie. Wissenschaftler konnten das eruptive Phänomen von Vulkanen besser verstehen und Überwachungs- und Vorhersagemethoden entwickeln. Es führte auch zur Implementierung von Evakuierungs- und Schutzmaßnahmen für die Bevölkerung in der Nähe von Vulkanen sowie zur Entwicklung von Strategien zur Minimierung der Auswirkungen von Ausbrüchen.

Heutzutage wird die Montagne Pelée von Wissenschaftlern und lokalen Behörden intensiv überwacht, um die Risiken für die umliegende Bevölkerung zu minimieren. Moderne Instrumente wie seismische Stationen, Messungen von Gasen und Bodenverformungen, Wärmebildkameras usw. werden eingesetzt, um Vorzeichen eines möglichen Ausbruchs frühzeitig zu erkennen und die gefährdeten Bevölkerungsgruppen rechtzeitig zu warnen.

Der Ausbruch der Montagne Pelée hatte auch erhebliche Auswirkungen auf die kulturelle und soziale Geschichte von Martinique und der Karibik. Er inspirierte Künstler, Dichter, Schriftsteller und hinterließ einen bleibenden Eindruck im kollektiven Gedächtnis der Region.

# Krakatau und seine globalen Auswirkungen

Krakatau, in der Sundastraße zwischen den Inseln Java und Sumatra in Indonesien gelegen, ist einer der berühmtesten Vulkane der Welt. Dieser Berg ging 1883 in die Geschichte ein, als er einen der verheerendsten Ausbrüche aller Zeiten erlebte. Dieser Ausbruch hatte weltweite Auswirkungen und zeigte, wie Vulkane die Umwelt und die Gesellschaft beeinflussen können.

Der Ausbruch des Krakatau begann am 26. August 1883 mit heftigen Explosionen, bei denen Asche, Gestein und Gaswolken in einer Höhe von über 20 Kilometern freigesetzt wurden. Aschebedingte Tsunamis wurden ausgelöst, die an der Küste von Java und Sumatra riesige Wellen erzeugten. Die Explosionen waren in einer Entfernung von mehr als 4.800 Kilometern zu hören und die Asche wurde in die Atmosphäre geschleudert, was zu jahrelangen rötlich glühenden Sonnenuntergängen weltweit führte.

Der Ausbruch forderte mindestens 36.000 Menschenleben, hauptsächlich aufgrund der nachfolgenden Tsunamis. Die Wellen verwüsteten die Küsten und zerstörten ganze Dörfer und Tausende Menschenleben wurden gefordert. Die Asche führte auch zum Tod vieler Tiere und verursachte erhebliche Schäden an den lokalen Ökosystemen.

Der Ausbruch des Krakatau markierte einen Wendepunkt in der Geschichte der Vulkanologie, indem er zeigte, dass Vulkanausbrüche globale Auswirkungen haben können. Seitdem haben Wissenschaftler daran gearbeitet, die Mechanismen hinter Vulkanausbrüchen besser zu verstehen und Überwachungs- und Vorhersagemethoden zu entwickeln, um die Risiken für die lokale Bevölkerung zu minimieren.

Heute gilt Krakatau immer noch als aktiver Vulkan und wird eng überwacht. Die Bewegungen und das Verhalten des Vulkans werden von Wissenschaftlern untersucht, um Anzeichen für einen bevorstehenden Ausbruch zu erkennen. Im Falle eines Ausbruchs sind die örtlichen Behörden bereit, die lokale Bevölkerung schnell zu evakuieren, um den Verlust von Menschenleben zu minimieren.

## Mount St. Helens und das moderne Bewusstsein

Der Mount St. Helens ist ein Vulkan im Bundesstaat Washington, USA, der am 18. Mai 1980 ausbrach. Der Ausbruch war einer der größten in der Geschichte der USA und führte zum Tod von 57 Menschen und verursachte Schäden in Millionenhöhe. Dieses Ereignis führte zu großem Interesse an Vulkanologie und Vulkanrisikomanagement und führte zu bedeutenden Fortschritten in diesen Bereichen.

Das moderne Bewusstsein für Vulkanrisiken wurde stark vom Ausbruch des Mount St. Helens beeinflusst. Nach der Katastrophe arbeiteten Wissenschaftler intensiv daran, Vulkane und die damit verbundenen Katastrophen besser zu verstehen und zu verhindern. Die Ergebnisse dieser Forschung wurden genutzt, um die Vorhersage und das Management von Vulkanrisiken zu verbessern.

Als Ergebnis wurde die Vulkanüberwachung verstärkt und neue Warnsysteme wurden implementiert, um die

Öffentlichkeit vor unmittelbarer Gefahr zu warnen. Auch die Sensibilisierung der Öffentlichkeit wurde verbessert, mit Aufklärungs- und Bildungskampagnen, um die Menschen über die Risiken und Schutzmaßnahmen zu informieren.

Der Ausbruch des Mount St. Helens führte auch zu einem besseren Verständnis von Vulkanausbrüchen. Die Wissenschaftler konnten die verschiedenen Phasen des Ausbruchs und seine Auswirkungen auf die Umwelt beobachten. Diese Beobachtungen trugen dazu bei, die Prozesse besser zu verstehen, die bei einem Vulkanausbruch ablaufen, und trugen zu neuen Fortschritten auf dem Gebiet der Vulkanologie bei.

Schließlich hatte der Ausbruch des Mount St. Helens auch einen bedeutenden Einfluss auf das Vulkanrisikomanagement weltweit. Die Lehren aus dieser Katastrophe wurden auf andere aktive Vulkane auf der ganzen Welt angewendet und halfen dabei, Vulkanausbruchsrisiken besser vorherzusagen und zu managen.

## Andere berühmte Vulkane

Es gibt viele berühmte Vulkane auf der Welt, die in der Geschichte des Planeten ihre Spuren hinterlassen haben. Einige haben verheerende Naturkatastrophen verursacht, während andere aufgrund ihrer natürlichen Schönheit beliebte Touristenziele geworden sind.

Der Mount Fuji in Japan ist einer der bekanntesten und markantesten Vulkane der Welt. Er gilt als eines der drei wichtigsten Symbole des Landes und lockt jedes Jahr Millionen von Besuchern an. Der Mount Fuji ist ein Stratovulkan und hat eine Höhe von über 3.700 Metern. Er gilt als aktiver Vulkan, hatte jedoch seit dem frühen 18. Jahrhundert keinen größeren Ausbruch mehr.

Der Mount Rainier im Bundesstaat Washington, USA, ist ein weiterer berühmter Vulkan aufgrund seiner imposanten Größe und natürlichen Schönheit. Es handelt sich um einen aktiven Stratovulkan, der über 4.300 Meter hoch ist. Obwohl er seit über einem Jahrhundert keinen größeren Ausbruch mehr hatte, wird der Mount Rainier aufgrund seiner Nähe zur Stadt Seattle von Wissenschaftlern genau überwacht.

Der Vulkan Eyjafjallajökull in Island erlangte 2010 aufgrund seines Ausbruchs, der aufgrund der von ihm produzierten Aschewolke tausende von Flügen in Europa zum Erliegen brachte, eine gewisse Bekanntheit. Obwohl der Ausbruch keine größeren Schäden verursachte, zeigte er das potenzielle Ausmaß der Auswirkungen von Vulkanausbrüchen auf Reisen und Infrastrukturen auf.

Der Mount Kilimanjaro in Tansania ist ein inaktiver Stratovulkan, der für seine beeindruckende Höhe von über 5.800 Metern bekannt ist. Er ist auch für seine einzigartige Biodiversität bekannt und ein beliebtes Ziel für Wanderer und Touristen.

Der Mount Nyiragongo in der Demokratischen Republik Kongo ist ein aktiver Stratovulkan, der für seinen sich ständig verändernden Lavasee bekannt ist. Diese einzigartige Eigenschaft zieht Wissenschaftler und Besucher aus der ganzen Welt an.

Schließlich ist der Ätna auf Sizilien einer der aktivsten Vulkane der Welt, mit im Durchschnitt einem größeren Ausbruch alle zwei bis drei Jahre. Dieser Vulkan hat eine kulturelle und historische Bedeutung für die Bewohner Siziliens, die ihn als Naturgottheit betrachten.

Diese berühmten Vulkane erinnern uns an die Kraft und Schönheit der Natur, können aber auch verheerende Naturkatastrophen verursachen. Aus diesem Grund sind die Überwachung und das Management von Vulkanrisiken so wichtig, um die Bevölkerung in der Nähe dieser geologischen Phänomene zu schützen.

# Überwachung und Vorhersage von Vulkanausbrüchen

## Werkzeuge und Techniken der Vulkanüberwachung

Die Überwachung von Vulkanen ist ein entscheidender Aspekt der modernen Vulkanologie, der dazu dient, Vulkanausbrüche vorherzusagen und die umliegende Bevölkerung zu schützen. Es gibt eine Vielzahl von Werkzeugen und Techniken, die zur Überwachung von Vulkanen verwendet werden, von denen jeder seine Vor- und Nachteile hat.

Eines der am häufigsten verwendeten Überwachungsinstrumente ist das Seismometer-Netzwerk, das die Bewegungen der Erde aufzeichnet, die durch Magmabewegungen unter der Oberfläche verursacht werden. Die von diesen Instrumenten gesammelten Daten ermöglichen es, Veränderungen in der seismischen Aktivität zu erkennen, die auf einen bevorstehenden Ausbruch hinweisen können. Die seismische Überwachungssysteme wurden entwickelt, um online und in Echtzeit zugänglich zu sein, so dass Vulkanologen die Vulkane aus der Ferne überwachen können.

Ein weiteres wichtiges Werkzeug ist die Satellitenbildgebung, die es ermöglicht, die Aktivität von Vulkanen aus dem Weltraum zu überwachen. Satellitenbilder können Temperaturänderungen und andere Veränderungen in der Umgebung von Vulkanen erkennen, was es Vulkanologen ermöglicht, Ausbrüche in Echtzeit zu verfolgen und die Entwicklung der Vulkanstruktur zu beobachten.

Die Messung der Bodenverformung ist ebenfalls ein wertvolles Werkzeug für die Vulkanüberwachung. Verformungsmessgeräte wie Inklinometer und Extensometer können Bodenbewegungen im Zusammenhang mit vulkanischer Aktivität erkennen. Diese Instrumente können verwendet werden, um Veränderungen in Form, Größe oder Volumen eines Vulkans zu erkennen und Ausbrüche vorherzusagen.

Die Überwachung der Zusammensetzung vulkanischer Gase ist eine weitere Technik, um bevorstehende Ausbrüche zu erkennen. Vulkanische Gase enthalten oft hohe Konzentrationen von Kohlendioxid und Schwefel sowie andere Verbindungen wie Salzsäure, Chlorwasserstoff und Wasser. Veränderungen in der Zusammensetzung vulkanischer Gase können auf einen bevorstehenden Ausbruch hinweisen.

Schließlich ist direkte visuelle Überwachung ebenfalls ein wichtiger Weg, um vulkanische Aktivität zu überwachen. Vulkanologen können Ascheemissionen, Lavaströme und Explosionen beobachten, um vulkanische Aktivität zu verfolgen und Ausbrüche vorherzusagen. Drohnen und Luftüberwachung sind auch visuelle Überwachungsmethoden, mit denen präzise und detaillierte Daten zur vulkanischen Aktivität gesammelt werden können.

# Vorzeichen von Ausbrüchen

Die Vorzeichen eines Vulkanausbruchs können je nach Vulkantyp und Aktivitätsgrad stark variieren. Es gibt jedoch mehrere gemeinsame Indikatoren, die helfen können, einen bevorstehenden Ausbruch vorherzusagen.

Erstens können Veränderungen in der Form oder Oberfläche des Vulkans auf vulkanische Aktivität hinweisen. Zum Beispiel kann plötzliches Anschwellen oder Verformung des Vulkans auf die Ansammlung von Magma unter der Oberfläche hinweisen. Risse und Brüche können sich auch in den umliegenden Gebieten bilden, wodurch vulkanische Gase und Wasserdampf freigesetzt werden.

Zweitens können Erdbeben ein wichtiges Anzeichen für vulkanische Aktivität sein. Häufige, schwache und oberflächliche Erdbeben können auf Magmabewegungen unter der Oberfläche hinweisen. Stärkere Erdbeben können auf Gesteinsbrüche, Magmaeinspritzungen oder einen bevorstehenden Ausbruch hindeuten.

Darüber hinaus kann die Überwachung von vulkanischen Gasen helfen, einen Ausbruch vorherzusagen. Vulkane emittieren regelmäßig vulkanische Gase wie Kohlendioxid, Schwefel und Schwefeldioxid. Plötzliche Anstiege dieser Gase können auf erhöhte vulkanische Aktivität hinweisen.

Schließlich ist visuelle Beobachtung ebenfalls wichtig. Fumarolen und heiße Quellen können auf vulkanische Aktivität hinweisen. Veränderungen in Farbe und Zusammensetzung des Grundwassers können ebenfalls ein

Indikator sein.

Es ist wichtig zu beachten, dass die Überwachung und Vorhersage von Vulkanausbrüchen keine exakte Wissenschaft ist und Vorzeichen nicht immer eindeutig sind. Oft ist eine Kombination mehrerer Indikatoren erforderlich, um ein Modell des vulkanischen Verhaltens zu erstellen und einen bevorstehenden Ausbruch vorherzusagen.

## Methoden zur Modellierung und Vorhersage von Ausbrüchen

Die Modellierung und Vorhersage von Vulkanausbrüchen sind sich ständig weiterentwickelnde und fortlaufende Forschungsbereiche. Wissenschaftler verwenden eine Vielzahl von Techniken, um Vulkane zu untersuchen und Ausbrüche vorherzusagen.

Eine der Hauptmethoden zur Vorhersage von Ausbrüchen ist die kontinuierliche Überwachung von Vulkanen mit geophysikalischen und geochemischen Sensoren. Diese Sensoren können Veränderungen im Druck, in der Temperatur und in der chemischen Zusammensetzung von Magma und vulkanischen Gasen messen. Terrainbeobachtungen wie Rissbildung und Bodenverformungen können auch verwendet werden, um Vorzeichen eines Ausbruchs zu erkennen.

Numerische Modelle sind ein weiteres wichtiges Werkzeug zur Vorhersage von Vulkanausbrüchen. Wissenschaftler können mathematische Modelle verwenden, um die Bedingungen in einem Vulkan zu simulieren und die

Auswirkungen eines potentiellen Ausbruchs vorherzusagen. Die Modelle können verwendet werden, um die Flussrichtung von Lava, die Verbreitung von vulkanischer Asche und die Auswirkungen von Pyroklastischen Strömen vorherzusagen.

Zu den Methoden zur Vorhersage von Ausbrüchen gehört auch der Einsatz von Fernerkundungstechniken wie Satellitenbildgebung und Lidar zur Fernüberwachung von Vulkanen. Fernerkundungsdaten können Informationen über Oberflächenveränderungen des Vulkans, die Temperatur des Magmas und die Zusammensetzung vulkanischer Gase liefern.

Es ist wichtig zu beachten, dass die Vorhersage von Vulkanausbrüchen Unsicherheiten und Begrenzungen birgt. Wissenschaftler müssen viele Variablen berücksichtigen, die die Art und Schwere eines Ausbruchs beeinflussen können, einschließlich der Zusammensetzung des Magmas, der Herkunftstiefe, des Vorhandenseins von Wasser und der umgebenden Topographie. Darüber hinaus kann es auch mit fortschrittlichen Techniken schwierig sein, den Zeitpunkt, die Dauer und die Schwere eines Ausbruchs genau vorherzusagen.

Trotz dieser Herausforderungen sind die Modellierung und Vorhersage von Vulkanausbrüchen entscheidend für die öffentliche Sicherheit und das Risikomanagement. Die von Wissenschaftlern gesammelten Informationen können dazu genutzt werden, Krisenmanagemententscheidungen zu informieren und Gemeinden bei der Vorbereitung auf einen möglichen Ausbruch zu helfen.

# Grenzen und Herausforderungen der Vorhersage

Die Vorhersage von Vulkanausbrüchen ist ein komplexes und schwieriges Forschungsfeld. Obwohl die Vulkanologie bei der Überwachung und Vorhersage von Ausbrüchen große Fortschritte gemacht hat, gibt es noch viel zu tun, um die Genauigkeit der Vorhersagen zu verbessern und die Risiken für die in der Nähe von Vulkanen lebende Bevölkerung zu reduzieren.

Eine der Hauptgrenzen bei der Vorhersage von Vulkanausbrüchen liegt in der Unsicherheit, die mit den vulkanischen Prozessen selbst verbunden ist. Vulkane sind komplexe natürliche Systeme, die sich schnell und unvorhersehbar entwickeln können. Selbst mit den fortschrittlichsten Überwachungstechniken kann es schwierig sein, genau vorherzusagen, wann und wie ein Ausbruch stattfinden wird.

Eine weitere Begrenzung der Vorhersage von Vulkanausbrüchen hängt mit den Möglichkeiten der Überwachung und Datenerfassung zusammen. Obwohl die Technologie die Überwachung von Vulkanen erheblich verbessert hat, gibt es immer noch Regionen auf der Welt, in denen die Überwachung begrenzt oder nicht vorhanden ist. Dies kann die Vorhersage von Vulkanausbrüchen und das Risikomanagement für die lokale Bevölkerung erschweren.

Darüber hinaus kann die Vorhersage von Vulkanausbrüchen durch menschliche Faktoren wie Nachlässigkeit oder mangelnde Sensibilisierung der Bevölkerung, die in der Nähe von Vulkanen lebt, kompliziert werden. In vielen Fällen sind die Menschen widerwillig, evakuiert zu werden oder Sicherheitsmaßnahmen zu befolgen, selbst wenn sie vor einem bevorstehenden Ausbruch gewarnt werden. Dies kann zu erheblichen Verlusten von Menschenleben und Sachschäden führen.

Trotz dieser Grenzen ist es wichtig, die Vorhersage von Vulkanausbrüchen weiterhin zu verbessern. Dies kann erreicht werden, indem man weiterhin neue Überwachungs- und Datenerfassungstechnologien entwickelt, das Bewusstsein der Bevölkerung für vulkanische Risiken stärkt, die Zusammenarbeit zwischen Wissenschaftlern und lokalen Behörden verbessert und in die Erforschung vulkanischer Prozesse investiert.

Letztendlich ist die Vorhersage von Vulkanausbrüchen entscheidend, um die lokale Bevölkerung zu schützen, Sachschäden zu reduzieren und die öffentliche Sicherheit aufrechtzuerhalten. Indem wir weiterhin gemeinsam daran arbeiten, unsere Vorhersagefähigkeiten zu verbessern, können wir dazu beitragen, vulkanbedingte Katastrophen zu verhindern und das Ausmaß zu verstehen, in dem diese Naturphänomene unsere Erde und unsere Gesellschaft beeinflussen.

# Risikomanagement bei Vulkanen

## Kartierung von Gefahrenzonen

Die Kartierung von gefährdeten vulkanischen Gebieten ist ein entscheidender Bestandteil des Risikomanagements bei Vulkanen. Sie ermöglicht die Identifizierung von Gebieten, die potenziell von Vulkanausbrüchen betroffen sein könnten, die Planung von Notfallmaßnahmen und die Minimierung von Verlusten an Menschenleben und Sachwerten. Die Kartierung der Gefahrenzonen basiert auf der Analyse der geologischen, geomorphologischen und vulkanologischen Merkmale von Vulkanen und ihrer Umgebung.

Der erste Schritt bei der Kartierung der Gefahrenzonen besteht darin, für jeden Vulkan eine detaillierte geologische und vulkanologische Datenbank zu erstellen. Diese Datenbank enthält Informationen über Merkmale vergangener Ausbrüche, die derzeitige Aktivität, die Häufigkeit von Ausbrüchen, die Größe von Ausbrüchen, den Typ von Ausbrüchen und die potenziellen Gefahren, die mit jedem Ausbruchstyp einhergehen. Diese Datenbank wird dann genutzt, um Gefahrenkarten für jeden Vulkan zu erstellen.

Die Gefahrenzonenkarten werden mithilfe fortschrittlicher numerischer Modellierungstechniken erstellt, die verschiedene Merkmale des Vulkans und seiner Umgebung berücksichtigen, wie zum Beispiel die Topographie, die Bevölkerungsdichte, die Verwundbarkeit der Infrastruktur und die Evakuationswege. Die numerischen Modelle werden oft durch Geländedaten und Satellitenbeobachtungen validiert.

Die Gefahrenzonenkarten werden genutzt, um die Gebiete zu identifizieren, die von den verschiedenen Arten von Vulkanausbrüchen betroffen sein könnten, insbesondere von Lavaströmen, pyroklastischen Strömen, Laharen und Ascheablagerungen. Die Gefahrenkarten werden auch zur Erstellung von Notfall- und Evakuierungsplänen verwendet, um im Falle eines Ausbruchs die Verluste an Menschenleben und Sachwerten zu minimieren.

Die Kartierung der Gefahrenzonen ist ein entscheidender Bestandteil des Risikomanagements bei Vulkanen, hat jedoch auch ihre Grenzen. Die für die Erstellung der Gefahrenkarten verwendeten numerischen Modelle basieren auf vereinfachenden Annahmen, die zu Fehlern führen können. Darüber hinaus sind Vulkanausbrüche oft unvorhersehbar, was die Planung von Notfallmaßnahmen erschwert.

## Stadtplanung

Stadtplanung spielt eine entscheidende Rolle bei der Bewältigung der Risiken von Vulkanen. Tatsächlich befinden sich viele Städte weltweit in der Nähe aktiver Vulkane und setzen ihre Bevölkerung damit potenziellen Gefahren aus. Um Risiken zu minimieren und die Bevölkerung zu schützen, ist eine angemessene Stadtplanung erforderlich.

Es ist zunächst wichtig, die Risikozonen um die Vulkane kartografisch zu erfassen. Dies ermöglicht eine Begrenzung der Zonen, in denen Bauarbeiten verboten sind oder strenge Baustandards gelten müssen. Die Vorschriften sollten Maßnahmen zur Errichtung von Erdbeben-, Lava- und

Vulkanasche-beständigen Gebäuden beinhalten.

Es ist auch entscheidend, Evakuierungspläne für den Fall eines bevorstehenden Ausbruchs umzusetzen. Diese Pläne müssen regelmäßig getestet und aktualisiert werden, um ihre Wirksamkeit sicherzustellen. Das Bewusstsein der Bevölkerung für vulkanische Risiken und die Notwendigkeit, über vulkanische Aktivitäten informiert zu bleiben, muss gestärkt werden. Es müssen Warnsysteme eingerichtet werden, um die Bevölkerung im Falle einer unmittelbaren Gefahr schnell zu benachrichtigen.

Die Stadtplanung muss auch die wirtschaftlichen und sozialen Auswirkungen eines Vulkanausbruchs berücksichtigen. Die wirtschaftlichen Verluste für betroffene Gebiete können erheblich sein. Es ist daher wichtig, Pläne für Hilfsmaßnahmen zu erstellen, um betroffenen Bevölkerungsgruppen und Unternehmen eine schnelle Erholung nach einem Ausbruch zu ermöglichen.

Schließlich ist es wichtig, nachhaltige Entwicklungsrichtlinien umzusetzen, um die vulkanischen Risiken nicht zu verschärfen. Menschliche Aktivitäten wie Bergbau, Staudammbau oder Abholzung können sich negativ auf die vulkanische Aktivität auswirken und das Risiko für die umliegenden Bevölkerungsgruppen erhöhen.

# Bildung und Sensibilisierung

Die Sensibilisierung und Bildung der Öffentlichkeit über Vulkane sind entscheidend, um die Sicherheit der Menschen, die in der Nähe dieser natürlichen Wunder leben, zu gewährleisten. Das Verständnis der mit Vulkanen verbundenen Risiken ist entscheidend für fundierte Entscheidungen und die Vorbereitung auf Notfallsituationen.

Eine der effektivsten Methoden, um die Öffentlichkeit für Vulkane zu sensibilisieren, besteht darin, einfache und verständliche Analogien und Metaphern zu verwenden, die auch für Nichtfachleute verständlich sind. Zum Beispiel kann die Analogie eines Vulkans mit einem kochenden Topf verwendet werden. Ähnlich wie der Topf kann ein Vulkan unvorhersehbar explodieren und Dampf, Gase, Lava und brennendes Material in alle Richtungen schleudern. Das Verständnis dieser Analogie kann dazu beitragen, die Öffentlichkeit für die potenziellen Gefahren von Vulkanen zu sensibilisieren.

Es ist auch wichtig, den Menschen zu erklären, wie Vulkane überwacht werden und wie Wissenschaftler Ausbrüche vorhersagen. Überwachungswerkzeuge und -techniken wie Deformationsmessungen, Analyse von vulkanischen Gasen und seismische Beobachtungen können dazu beitragen, Ausbrüche vorherzusagen. Es ist wichtig zu betonen, dass selbst mit fortschrittlichster Technologie Vulkanausbrüche immer noch schwer genau vorhersehbar sind.

Darüber hinaus ist es wichtig, die Überwachung von vulkanischen Risiken, die Kartierung von Gefahrenzonen, städtische Planung, Bildung und Sensibilisierung, Warnsysteme und Evakuierungspläne sowie Krisenmanagement zu betonen. Es ist entscheidend, die öffentliche Bevölkerung in der Nähe von Vulkanen darauf vorzubereiten, mit Notfallsituationen umzugehen, und ihnen das notwendige Wissen zu vermitteln, um fundierte Entscheidungen im Falle eines Ausbruchs zu treffen.

Die Bildung über Vulkane sollte nicht nur auf die damit verbundenen Risiken beschränkt sein. Sie sollte auch das Verständnis für die Auswirkungen von Vulkanen auf die Umwelt, das Klima und das Leben umfassen. Vulkane haben die Landschaft der Erde geformt und einen bedeutenden Einfluss auf die Entwicklung des Lebens auf unserem Planeten gehabt. Das Verständnis dieser Phänomene kann dazu beitragen, das Bewusstsein für die Bedeutung des Schutzes von Vulkanen und der umgebenden Ökosysteme zu schärfen.

Schließlich ist es wichtig zu betonen, dass die Bildung über Vulkane nicht nur auf die Bevölkerung in der Nähe von Vulkanen beschränkt sein sollte. Jeder kann von einem Verständnis dieser faszinierenden natürlichen Phänomene profitieren, und dies kann dazu beitragen, unsere Verbindung zur Natur zu stärken und unser globales Umweltbewusstsein weiterzuentwickeln.

# Warnsysteme und Evakuierungspläne

Die Überwachung und Vorhersage von Vulkanausbrüchen sind entscheidende Elemente des Risikomanagements bei Vulkanen. Warnsysteme werden genutzt, um die Bevölkerung in gefährdeten Gebieten vor einem unmittelbar bevorstehenden Ausbruch zu warnen. Evakuierungspläne werden erstellt, um Menschen in Sicherheit zu bringen und den Verlust an Menschenleben zu minimieren.

Die Warnsysteme für Vulkane variieren je nach Land und Region, beinhalten jedoch in der Regel seismische Überwachung, Überwachung von vulkanischen Gasen, visuelle Überwachung und Überwachung der Bodendeformation. Die mit diesen Techniken gesammelten Daten werden in Echtzeit analysiert, und Warnungen werden ausgegeben, wenn Anzeichen für einen unmittelbar bevorstehenden Ausbruch festgestellt werden.

Evakuierungspläne werden in Zusammenarbeit mit lokalen und regionalen Behörden, Rettungsdiensten und lokalen Gemeinschaften entwickelt. Sie sind darauf ausgerichtet, Menschen aus gefährdeten Gebieten zu evakuieren, bevor ein Ausbruch stattfindet, unter Verwendung vorbestimmter Evakuierungswege und Notunterkünfte.

Die Evakuierungspläne müssen klar, präzise und für die breite Bevölkerung leicht verständlich sein. Sie sollten Informationen über Evakuierungswege, Notunterkünfte, Verhaltensmaßnahmen im Notfall sowie Personen und Haustiere, die zuerst evakuiert werden müssen, enthalten.

Es ist jedoch wichtig zu betonen, dass die Vorhersage von Vulkanausbrüchen schwierig und unsicher bleibt. Frühwarnzeichen können zweideutig oder unvorhersehbar sein, und es ist oft schwierig, das genaue Timing und die Intensität eines Vulkanausbruchs zu bestimmen. Evakuierungspläne können auch durch Faktoren wie Topographie, Wetterbedingungen und begrenzte Straßeninfrastruktur erschwert werden.

Trotz dieser Herausforderungen bleiben Warnsysteme und Evakuierungspläne wesentliche Elemente des Risikomanagements bei Vulkanen. Sie können helfen, Leben zu retten und Verluste an Sachwerten bei einem Vulkanausbruch zu minimieren. Durch die Sensibilisierung der lokalen Gemeinschaften für die Gefahren von Vulkanen und die Erstellung solider Notfallpläne können wir die schutzbedürftigen Bevölkerungsgruppen vor den Auswirkungen von Vulkanausbrüchen bewahren.

## Krisenmanagement

Das Krisenmanagement bei Vulkanen ist eine komplexe Aufgabe, bei der viele Akteure beteiligt sind, von der örtlichen Gemeinschaft über Regierungsorganisationen bis hin zu wissenschaftlichen Teams und Rettungsdiensten. Vulkanische Krisen können in verschiedenen Formen auftreten, von geringfügiger seismischer Aktivität bis hin zu einem größeren Ausbruch, der erhebliche Schäden verursachen kann.

Der erste Schritt beim Krisenmanagement bei Vulkanen

besteht darin, Vulkane kontinuierlich zu überwachen und potenzielle Risiken für die örtliche Bevölkerung zu bewerten. Wissenschaftler überwachen Vulkane mit einer Vielzahl von Techniken wie seismischer Überwachung, Überwachung vulkanischer Gase und Überwachung von Bodendeformationen. Die mithilfe dieser Techniken gesammelten Daten werden analysiert, um das Bedrohungsniveau zu bewerten, das der Vulkan für die örtliche Bevölkerung darstellt.

Sobald ein Vulkan als gefährlich eingestuft wird, werden eine Reihe von Maßnahmen ergriffen, um die Bevölkerung zu schützen. Lokale und nationale Behörden arbeiten zusammen, um Notfallpläne zu entwickeln, die die Maßnahmen festlegen, die im Falle eines Vulkanausbruchs ergriffen werden müssen. Diese Pläne umfassen oft Evakuierungszonen für Menschen, die in der Nähe des Vulkans leben, sowie Pläne für die Bereitstellung von Lebensmitteln, Wasser und anderen lebenswichtigen Gütern im Notfall.

Wissenschaftler arbeiten auch eng mit Rettungsdiensten zusammen, um die Auswirkungen von Vulkanausbrüchen vorherzusagen. Computermodelle können verwendet werden, um die Richtung von Lavaströmen, Asche und pyroklastischen Strömen vorherzusagen und die Menge an Material abzuschätzen, das von einem bestimmten Ausbruch ausgestoßen wird.

Das Krisenmanagement bei Vulkanen ist eine herausfordernde Aufgabe, da Vulkanausbrüche unvorhersehbar und verheerend sein können. Die Behörden müssen in Notfällen schnell handeln können, während sie langfristig daran arbeiten, die Risiken für die örtliche Bevölkerung zu minimieren. Die Anstrengungen zur Bewältigung von Vulkanrisiken sollten durch internationale Zusammenarbeit und offene und transparente Kommunikation mit der lokalen Bevölkerung unterstützt werden.

# Auswirkungen von Vulkanen auf die Umwelt und das Klima

## Geologische und geomorphologische Auswirkungen

Vulkane haben einen signifikanten Einfluss auf die Geologie und Geomorphologie unseres Planeten. Vulkanausbrüche können dramatische Veränderungen der Landschaft verursachen, indem sie neue Reliefs, Täler, Schluchten, Schluchten, Berge und Ebenen schaffen. Vulkane können auch Inseln und Archipele in den Ozeanen bilden und so die Weltkarte verändern.

Bei Ausbrüchen können große Mengen an Materialien wie Asche, Bimsstein, Lapilli und Lavaeinschüsse ausgestoßen werden, die sich auf umliegenden Böden ablagern und deren chemische und mineralogische Zusammensetzung verändern können. Diese Materialien können auch Flüsse und lokale Ökosysteme beeinflussen und sogar Schäden an Infrastruktur und Wohngebieten verursachen.

Vulkane haben auch Auswirkungen auf den Wasserkreislauf der Erde. Wenn Lava ins Meer fließt, kann sie schnell abkühlen und aushärten, wodurch neue Unterwasser-Felsformationen entstehen. Darüber hinaus können Vulkane heiße Quellen, Geysire und Fumarolen erzeugen, die durch die Bildung von Wolken und Niederschlägen das lokale und regionale Wettergeschehen beeinflussen können.

Darüber hinaus können Vulkanausbrüche weltweit Auswirkungen auf die Umwelt haben. Vulkanasche und ausgestoßene Gase können sich in der Atmosphäre ausbreiten, Sonnenlicht absorbieren und die Oberfläche der Erde vorübergehend abkühlen. Diese Abkühlung kann erhebliche Auswirkungen auf das globale Klima haben, indem sie das Pflanzenwachstum, die landwirtschaftliche Produktion und die Tierwanderungsmuster beeinflusst.

Vulkane spielen auch eine wichtige Rolle bei der Bodenbildung. Vulkanische Materialien wie Asche und Lava sind reich an Mineralien und Nährstoffen, die für das Pflanzenwachstum unerlässlich sind. Diese Materialien können durch Flüsse und Winde transportiert werden und landwirtschaftliche und Waldflächen düngen, was zu höheren Ernteerträgen und einer Verbesserung natürlicher Lebensräume führen kann.

## Auswirkungen von vulkanischen Gasemissionen

Vulkanische Gasemissionen können erhebliche Auswirkungen auf die Umwelt und das Klima haben. Die von Vulkanen emittierten Gase umfassen Wasserdampf, Kohlendioxid, Stickstoff, Schwefel, Chlor und Halogengase. Diese Gase können die Luftqualität und das regionale und globale Klima beeinflussen.

Kohlendioxid ist das häufigste vulkanische Gas und gilt als ein Haupttreibhausgas. Die Kohlendioxidemissionen aus Vulkanen können zum Klimawandel beitragen, indem sie die Menge an Treibhausgasen in der Atmosphäre erhöhen.

Die vulkanischen Kohlendioxidemissionen sind jedoch im Vergleich zu den anthropogenen Emissionen aus der Verbrennung fossiler Brennstoffe relativ gering.

Die von Vulkanen emittierten Schwefelgase können ebenfalls eine bedeutende Auswirkung auf die Umwelt haben. Schwefeldioxid reagiert mit Wasser und Sauerstoff in der Atmosphäre und bildet Schwefelsäure, die sauren Regen verursachen kann. Saurer Regen kann Seen und Flüsse versauern, Böden und Pflanzen schädigen und gesundheitliche Probleme für Menschen und Tiere verursachen.

Vulkanausbrüche können auch Aschepartikel und Aerosole in die Atmosphäre freisetzen. Diese Partikel können das Sonnenlicht reflektieren und so eine vorübergehende Abkühlung der Erdoberfläche bewirken. Der Ausbruch des Pinatubo im Jahr 1991 führte zu einer globalen Durchschnittstemperaturabsenkung von 0,5 Grad Celsius über mehrere Jahre.

Neben den Umweltauswirkungen können vulkanische Gasemissionen auch Auswirkungen auf die menschliche Gesundheit haben. Vulkanische Gase können bei exponierten Personen Augen- und Atemwegsreizungen, Kopfschmerzen und Übelkeit verursachen. Bevölkerungsgruppen, die in der Nähe aktiver Vulkane leben, sind besonders anfällig für vulkanische Gasemissionen.

# Vulkanische Aerosole und klimatische Abkühlung

Bei einem Vulkanausbruch werden nicht nur Lava und vulkanische Gase freigesetzt, sondern auch Aerosole, winzige Partikel, die sich für Monate oder sogar Jahre in der Atmosphäre halten können. Diese Aerosole können überraschende Auswirkungen auf das Klima haben, von lokaler bis hin zu regionalen oder sogar globalen Abkühlungen.

Vulkanische Aerosole bestehen hauptsächlich aus Schwefeldioxid, das in Schwefelsäure umgewandelt wird, sobald es in die Atmosphäre freigesetzt wird. Diese Partikel können das Sonnenlicht teilweise oder vollständig blockieren, was zu einer Abkühlung der Erdoberfläche führen kann. Dies ist in der Vergangenheit mehrfach geschehen, insbesondere nach dem Ausbruch des Pinatubo auf den Philippinen im Jahr 1991, der zu einer durchschnittlichen globalen Temperatursenkung um 0,5 ° C für etwa zwei Jahre führte.

Vulkanische Aerosole können auch die Wolkenbildung und den Niederschlag beeinflussen. Vulkanische Aerosole können als Kondensationskerne für Wassertropfen wirken, was die Wolkenbildung fördern kann. Dies kann zu erhöhtem Niederschlag führen, aber auch zu saurem Niederschlag aufgrund des Vorhandenseins von Schwefelsäure in den Aerosolen.

Die Auswirkungen vulkanischer Aerosole auf das Klima hängen von vielen Faktoren ab, darunter die Menge und Zusammensetzung der Aerosole, ihre Höhe in der

Atmosphäre, die Jahreszeit und der geografische Standort des Ausbruchs. Darüber hinaus können vulkanische Aerosole mit anderen Klimafaktoren wie Treibhausgasen, Meeresströmungen und atmosphärischen Winden interagieren, was ihre Auswirkungen auf das Klima schwer vorhersehbar macht.

## Vulkane und der Kohlenstoffkreislauf

Vulkane spielen eine wichtige Rolle im Kohlenstoffkreislauf der Erde. Emissionen von vulkanischen Gasen, insbesondere Kohlendioxid ($CO_2$), Methan ($CH_4$) und Distickstoffmonoxid ($N_2O$), tragen zur erhöhten Konzentration von Treibhausgasen in der Atmosphäre bei. Vulkane können jedoch auch Kohlenstoff in vulkanischen Gesteinen und Meeresedimenten speichern.

Bei einem Vulkanausbruch wird gespeichertes Kohlendioxid aus dem Magma und den umliegenden Gesteinen freigesetzt. Das $CO_2$ steigt in die Atmosphäre auf und kann dort für mehrere Jahre verbleiben. Vulkanausbrüche können daher vorübergehend die Konzentration von Treibhausgasen erhöhen und sich auf das Klima auswirken.

Vulkane können jedoch auch Kohlenstoff speichern. Wenn das Magma abkühlt und erstarrt, entstehen mineralreiche Gesteine, die Kohlenstoff enthalten, wie zum Beispiel Calciumcarbonat. Diese vulkanischen Gesteine können dann zu Meeresedimenten werden, in denen der Kohlenstoff über Millionen von Jahren gespeichert wird.

Darüber hinaus spielen Vulkane auch durch ihren Einfluss auf geologische Prozesse eine Rolle im Kohlenstoffkreislauf. Vulkanausbrüche können Veränderungen in geochemischen Kreisläufen wie Erosion, Bodenbildung und Produktion von wichtigen Nährstoffen für das Pflanzenwachstum verursachen.

Schließlich spielt die Vegetation rund um Vulkane ebenfalls eine wichtige Rolle im Kohlenstoffkreislauf. Vulkanische Böden sind oft nährstoffreich und fördern das Wachstum von Pflanzen, die $CO_2$ aus der Atmosphäre aufnehmen. Die Wälder rund um Vulkane können daher dazu beitragen, den Kohlenstoffkreislauf zu regulieren, indem sie $CO_2$ in Biomasse speichern.

# Vulkane und das Leben

## Die Ökosysteme rund um Vulkane

Die Ökosysteme rund um Vulkane bieten eine einzigartige Umgebung, die sowohl Herausforderungen als auch Möglichkeiten für das Leben darstellt. Vulkane können aufgrund ihrer intensiven Hitze, ihrer Toxizität und ihrer Instabilität äußerst unwirtliche Lebensräume sein, aber sie können auch eine Vielfalt an Arten beherbergen, die sich an diese extremen Bedingungen angepasst haben.

Ökosysteme rund um Vulkane werden häufig durch Arten charakterisiert, die einzigartige Anpassungen entwickelt haben, um in schwierigen Bedingungen zu überleben. Einige Arten haben Mechanismen entwickelt, um hohen Temperaturen, giftigen Gasen, nährstoffarmen Böden und Trockenheitsbedingungen zu widerstehen. Pflanzen rund um Vulkane können Pionierarten sein, die in der Lage sind, neue Felsflächen schnell zu besiedeln und somit zur Bodenbildung und Ausbreitung der Vegetation beitragen.

Die Ökosysteme rund um Vulkane können auch eine besondere Tierwelt beherbergen. Insekten, Reptilien und Vögel können von den warmen und trockenen Bedingungen der Vulkanhänge angezogen werden. Einige Fledermausarten wurden sogar dabei beobachtet, dass sie in den Kratern von Vulkanen Unterschlupf suchen. Große Pflanzenfresser wie Hirsche, Elche und Ziegen können ebenfalls von den grasbewachsenen Hängen der Vulkane angezogen werden, doch ihr Einfluss auf die Umwelt kann negativ sein.

Aktive Vulkane bieten auch Möglichkeiten für wissenschaftliche Forschung und die Entdeckung neuer Arten. Wissenschaftler können die Ökosysteme der Vulkane untersuchen, um zu verstehen, wie sich das Leben an extreme Bedingungen anpasst, und Lösungen für Umweltprobleme finden. Vulkanausbrüche können auch neue mineralische Vorkommen wie Edelmetalle und seltene Minerale freisetzen, die für industrielle Anwendungen genutzt werden können.

Die Nähe zu Vulkanen birgt jedoch auch Risiken für das Leben. Vulkanausbrüche können Lebensräume und Ökosysteme zerstören und zum Verlust vieler Arten führen. Lavaflüsse und Lahare können auch die umliegenden Ländereien schädigen und die Fähigkeit der Region zur Unterstützung des Lebens verringern.

## Organismen, die an vulkanische Umgebungen angepasst sind

Vulkane sind äußerst feindselige Umgebungen, gekennzeichnet durch extrem hohe Temperaturen, Drücke und chemische Zusammensetzungen. Trotz dieser Herausforderungen haben einige Organismen sich an diese vulkanischen Bedingungen angepasst, um dort Zuflucht zu finden und zu überleben. Diese Organismen, bekannt als Extremophile, besitzen die Fähigkeit, unter extremen und oft unwirtlichen Bedingungen zu überleben, wie beispielsweise hydrothermale Quellen oder saure Umgebungen.

Zu den Organismen, die an vulkanische Umgebungen

angepasst sind, gehören eine Vielzahl von Mikroorganismen wie Bakterien und Archaeen sowie Pflanzen, Tiere und sogar Menschen. Vulkanische Mikroorganismen sind oft die ersten, die neue Vulkanflächen wie frische Lavaströme, Vulkanasche oder Fumarolen besiedeln und tragen häufig zur Bildung von vulkanischen Böden bei.

Auch Pflanzen sind in der Lage, sich an diese extremen Umgebungen anzupassen, wie zum Beispiel Moose, Flechten und Farne. Diese Pflanzen können oft in nährstoffarmen Böden überleben, die reich an vulkanischen Mineralien wie Eisen, Schwefel und Magnesium sind und in Umgebungen mit hohen Konzentrationen giftiger vulkanischer Gase wie Schwefeldioxid.

Auch Tiere, die sich an vulkanische Umgebungen angepasst haben, gibt es in großer Zahl und Vielfalt, darunter Insekten, Spinnen, Krebstiere, Fische und Vögel. Besonders bemerkenswert ist die Fähigkeit von Vögeln, auf steilen Vulkanfelsen zu nisten, wie es zum Beispiel bei Seeschwalben und Tölpeln der Fall ist. Fische und Krebstiere haben sich an extremen Umgebungen hydrothermaler Quellen wie Schwarzen Rauchern angepasst, die oft durch hohe Temperaturen und Konzentrationen von Schwefel und Schwermetallen gekennzeichnet sind.

Schließlich haben auch Menschen Strategien entwickelt, um sich an vulkanische Umgebungen anzupassen, einschließlich der Nutzung von geothermischen Ressourcen wie heißen Quellen und geothermischen Feldern zur Energieerzeugung oder für therapeutische Aktivitäten. Menschen haben auch gelernt, mit vulkanischen Risiken umzugehen, indem sie

Überwachungs- und Warnsysteme sowie Evakuierungspläne entwickelt haben, um die Bevölkerung in der Nähe aktiver Vulkane zu schützen.

## Die Rolle von Vulkanen bei der Artenvielfalt

Vulkane haben weltweit einen signifikanten Einfluss auf die Artenvielfalt gehabt. Vulkanausbrüche können bestehende Lebensräume stören, aber sie können auch neue Lebensräume schaffen und Möglichkeiten für die Evolution bieten.

Wenn ein Vulkan ausbricht, kann er die umliegenden Lebensräume zerstören, indem er das Land mit Lava und Asche bedeckt. Nach einem Ausbruch entwickeln sich jedoch neu exponierte Gebiete, die Gelegenheit zur Besiedlung durch Arten bieten, die zuvor nicht ansässig waren. Nährstoffreiche vulkanische Asche kann auch das Pflanzenwachstum fördern und Nahrung für Pflanzenfresser bereitstellen.

Vulkane können auch eine wichtige Rolle bei der Entstehung neuer Arten spielen. Wenn Gruppen von Organismen durch einen Vulkanausbruch geografisch isoliert werden, können sie getrennt voneinander evolvieren und unterschiedliche Merkmale entwickeln. Dieser Prozess wird als allopatrische Artbildung bezeichnet und kann auf isolierten vulkanischen Inseln wie den Galapagos-Inseln beobachtet werden.

Vulkanische Umgebungen können auch spezifische Merkmale selektieren, die das Überleben von Arten begünstigen. Organismen, die an hohe Temperaturen, saure pH-Werte und hohe Schwefelkonzentrationen angepasst sind, haben eine bessere Chance, in extremen vulkanischen Umgebungen zu überleben.

Darüber hinaus können Vulkane auch indirekte Auswirkungen auf die Artenvielfalt haben, indem sie das globale Klima beeinflussen. Große Vulkanausbrüche können große Mengen an Gasen und Asche in die Atmosphäre freisetzen und vorübergehend zu einer globalen Abkühlung führen. Diese Abkühlung kann die Artenvielfalt beeinflussen, indem sie plötzliche Umweltveränderungen verursacht und die Arten zwingt, sich anzupassen.

## Vulkane und der Ursprung des Lebens

Vulkane haben eine entscheidende Rolle bei der Entstehung des Lebens auf der Erde gespielt. Obwohl dies paradox erscheinen mag, da Vulkanausbrüche für das Leben feindlich erscheinen können, haben sie tatsächlich günstige Bedingungen für das Aufkommen des Lebens geschaffen.

Erstens haben Vulkane zur Bildung der frühen Atmosphäre der Erde beigetragen, die sich erheblich von der aktuellen Atmosphäre unterschied. Vulkanausbrüche haben große Mengen an Gasen wie Wasser, Kohlendioxid, Ammoniak, Methan und Wasserstoffsulfid freigesetzt, die eine primitive Atmosphäre auf der Erde geschaffen haben. Diese Gase bildeten Wolken, die sauren Regen verursachten und halfen, die Gesteine zu erodieren und so die primitiven Ozeane zu bilden.

Darüber hinaus haben Vulkane auch lebensnotwendige Mineralien wie Eisen, Schwefel, Magnesium und Phosphor freigesetzt, die als Katalysatoren für chemische Reaktionen dienen, die für das Leben notwendig sind. Diese Mineralien wurden auch in lebenden Organismen eingebaut und trugen so zu ihrem Wachstum und ihrer Entwicklung bei.

Vulkane haben auch Wärme bereitgestellt, die chemische Reaktionen schneller ablaufen ließ und somit die Chancen erhöhte, dass organische Moleküle entstehen. Vulkanausbrüche haben auch organische Materialien wie Aminosäuren freigesetzt, die die Bausteine von Proteinen sind. Diese organischen Materialien konnten sich zu komplexeren Molekülen wie Nukleinsäuren kombinieren, die die Grundbausteine von DNA sind.

Darüber hinaus haben Vulkane extreme Umgebungen wie heiße Quellen und geothermische Gebiete geschaffen, die ideale Bedingungen für das Aufkommen des Lebens boten. Diese Umgebungen lieferten chemische Energie in Form von Temperatur- und Konzentrationsgradienten, die die ersten Lebensformen antrieben. Bakterien und Archaeen waren die ersten Lebensformen, die auf der Erde entstanden sind, und einige von ihnen sind heute noch in extremen vulkanischen Umgebungen wie heißen Quellen und geothermischen Feldern anzutreffen.

Forscher haben Bakterien und Archaeen in extremen vulkanischen Umgebungen entdeckt, deren Stoffwechsel von den von Vulkanen freigesetzten chemischen Elementen abhängt. Diese Lebensformen nutzen die Hitze und die vulkanischen Gase, um chemische Energie zu erzeugen, die für ihren Stoffwechsel verwendet wird. Diese Entdeckung zeigt, dass Vulkane nach wie vor eine wichtige Rolle bei der Evolution des Lebens auf der Erde spielen.

# Vulkane in Kultur und Mythologie

## Die Mythen und Legenden um Vulkane

Die Mythen und Legenden, die Vulkane umgeben, haben eine faszinierende Geschichte, die Tausende von Jahren zurückreicht und viele Kulturen auf der ganzen Welt durchdringt. Vulkane wurden oft als göttliche Kreaturen oder Kräfte betrachtet, die sowohl Leben als auch Tod bringen konnten.

In der griechischen Mythologie galt der Gott Hephaistos als der Meister der Vulkane und der Schmiede, verantwortlich für vulkanische Aktivitäten. In der hawaiianischen Mythologie wurde die Göttin Pele als Göttin des Feuers und der Vulkane angesehen, und die Hawaiier glaubten, dass Ausbrüche das Ergebnis ihres Zorns und ihrer Emotionen waren.

Legenden und Überzeugungen rund um Vulkane haben auch viele Geschichten und Volksmärchen inspiriert. Zum Beispiel glaubten die Azteken, dass Vulkane Tore zur Hölle waren, wo die Seelen der Toten zur Beurteilung hingeschickt wurden. In Polynesien besagt der Mythos, dass der Vulkan Mauna Kea auf der Insel Hawaii das Zuhause des Gottes Poliʻahu ist, der als Hüter des Winters und des Schnees gilt. Mythen und Legenden rund um Vulkane haben auch Künstler im Laufe der Jahrhunderte inspiriert.

Der deutsche Maler Caspar David Friedrich schuf viele Gemälde, die dramatische Vulkanlandschaften darstellen, während der amerikanische Fotograf Ansel Adams beeindruckende Bilder von vulkanischen Ausbrüchen festhielt.

Die Mythen und Legenden rund um Vulkane hatten jedoch auch negative Auswirkungen. Die antiken Römer opferten oft menschliche Opfer den Vulkan-Göttern, um ihren Zorn zu besänftigen, während die Menschen auf der Osterinsel ihre eigene Umwelt zerstörten, indem sie monumentale Statuen um die Vulkane herum errichteten.

Heutzutage faszinieren und inspirieren Mythen und Legenden rund um Vulkane immer noch die Menschen. Vulkane waren auch eine Inspirationsquelle für Filmemacher und Dokumentarfilmer, die viele faszinierende Filme und Dokumentationen zu diesem Thema produziert haben.

Es ist jedoch wichtig zu bedenken, dass Wissenschaft und Forschung weiterhin neues Wissen über Vulkane bringen und dass dieses Wissen notwendig ist, um diese Naturkräfte besser zu verstehen und zu bewältigen. Vulkanausbrüche können sowohl für die umliegenden Bevölkerungen als auch für die Umwelt äußerst gefährlich sein. Wissenschaftliches Wissen ist daher notwendig, um Ausbrüche zu verhindern und ihre Auswirkungen zu minimieren.

Zusammenfassend zeigen Mythen und Legenden rund um Vulkane die Faszination und Furcht, die diese Naturphänomene im Laufe der Geschichte im menschlichen Geist hervorgerufen haben.

# Vulkane und ihre Symbolik

Vulkane haben seit Jahrtausenden die Menschheit fasziniert. Sie haben viele Kulturen auf der ganzen Welt inspiriert und wurden als Symbole in der Kunst, Literatur und Mythologie verwendet. In diesem Abschnitt werden wir die verschiedenen Symboliken erkunden, die Vulkane im Laufe der Jahrhunderte angenommen haben.

In einigen Kulturen wurden Vulkane mit dem Zorn und der Rache der Götter in Verbindung gebracht. Die gewaltsamen und zerstörerischen Ausbrüche wurden oft als Strafen für die Vergehen interpretiert, die von den Menschen begangen wurden. Zum Beispiel wird der Vulkan Stromboli in Italien aufgrund seiner häufigen und spektakulären Ausbrüche, die die lokalen Bevölkerungen terrorisierten, als «Mund der Hölle» bezeichnet.

In anderen Kulturen wurden Vulkane als Quellen des Lebens und der Fruchtbarkeit verehrt. Die Asche und Mineralien, die von Vulkanausbrüchen ausgestoßen wurden, galten als wesentliche Bestandteile für das Pflanzenwachstum und die Fruchtbarkeit des Landes. Vulkane waren auch mit erschaffenden und wohlwollenden Gottheiten verbunden, wie der Göttin Pele in der hawaiianischen Mythologie.

Vulkane wurden auch als Symbole für Transformation und Erneuerung verwendet. Vulkanausbrüche können ganze Landschaften zerstören, aber sie können auch neue Landschaften und einzigartige Lebensformen schaffen. In der japanischen Kultur symbolisieren die blühenden Kirschbäume an den Hängen des Fuji-san die vergängliche

Schönheit und die Regeneration nach einer Katastrophe.

Schließlich wurden Vulkane mit Abenteuer und Erkundung in Verbindung gebracht. Viele Reisende wurden von den wilden und majestätischen Landschaften der Vulkane angezogen, was zu einer blühenden Tourismusbranche führte. Wanderer, Bergsteiger und Extremsportler werden besonders von aktiven Vulkanen angezogen, da sie ihre Grenzen herausfordern und neue Horizonte entdecken wollen.

## Vulkane in Kunst und Literatur

Vulkane haben Künstler und Schriftsteller seit jeher inspiriert. Sie faszinieren die Menschheit seit Jahrhunderten und wurden verwendet, um symbolische und metaphorische Ideen darzustellen.

In der Kunst wurden Vulkane in Gemälden, Skulpturen, Gravuren und Fotografien dargestellt. Künstler haben oft versucht, die dramatische und spektakuläre Wirkung von Vulkanausbrüchen einzufangen, indem sie mit leuchtenden Farben und expressiven Formen starke Bilder geschaffen haben.

Zum Beispiel schuf der Künstler William Hodges während seiner Reisen durch den Südpazifik Ende des 18. Jahrhunderts wunderschöne Gemälde von ausbrechenden Vulkanen. Es gelang ihm, die immense Kraft und atemberaubende Schönheit von Vulkanausbrüchen einzufangen.

In der Literatur wurden Vulkane oft als Symbole für Zerstörung und Chaos verwendet. In Jules Vernes berühmtem Roman «Reise zum Mittelpunkt der Erde» ist ein Vulkan der Eingang zu der mysteriösen und gefährlichen Welt unter der Erdoberfläche. Der Vulkan stellt hier eine unmittelbare und unvermeidliche Bedrohung dar.

Vulkane wurden auch als Metaphern verwendet, um intensive Emotionen oder soziale Konflikte zu beschreiben. In Victor Hugos Roman «Les Misérables» wird die Revolution von 1832 in Paris mit einem Vulkanausbruch verglichen, der alles auf seinem Weg aufwühlt und zerstört.

Schließlich haben Vulkane auch Dichter inspiriert, die ihre Schönheit und Kraft genutzt haben, um starke Emotionen auszudrücken. In seinem berühmten Gedicht «Kubla Khan» beschreibt Samuel Taylor Coleridge eine idyllische Landschaft mit einem Vulkan in der Mitte, der Kreativität und Vorstellungskraft symbolisiert.

# Der Tourismus und die Nutzung vulkanischer Ressourcen

## Die bedeutendsten touristischen Stätten

Die Besichtigung der bedeutendsten vulkanischen Touristenorte ist eine unglaubliche Erfahrung, die jedes Jahr Millionen von Menschen aus aller Welt anzieht. Diese Orte bieten spektakuläre Aussichten, einzigartige Landschaften, faszinierende Geschichte und Einblicke in die Kraft der Natur.

Einer der berühmtesten Orte ist der Yellowstone-Nationalpark, der hauptsächlich im US-Bundesstaat Wyoming liegt. Dieser Park bietet einen atemberaubenden Blick auf eines der größten Geysirsysteme der Welt, insbesondere Old Faithful. Besucher können auch die farbenprächtigen heißen Quellen, brodelnde Schlammbäder und die vulkanische Landschaft erkunden, die durch Lavaausbrüche und Ascheflüsse geformt wurde.

Auch der Mount Fuji in Japan ist ein beliebtes Touristenziel. Er ist der höchste Berg Japans und ein aktiver Vulkan. Besucher können im Sommer den Mount Fuji besteigen und eine atemberaubende Aussicht auf die Umgebung genießen. Zudem ist die Region für ihre natürlichen heißen Quellen, genannt Onsen, bekannt, die den Besuchern eine Möglichkeit zur Entspannung nach einem Tag des Wanderns bieten.

In Italien ist der Ätna eine der beliebtesten Attraktionen auf der Insel Sizilien. Er gilt als einer der aktivsten Vulkane der Welt und hat die umgebende Landschaft durch häufige Eruptionen geformt. Besucher können den Vulkan besteigen, um den Blick auf die sizilianische Küste zu genießen oder die Lavahöhlen zu erkunden, die durch vergangene Ausbrüche entstanden sind.

Auch auf Hawaii, einem Bundesstaat der USA im Pazifik, sind Vulkane bekannt. Der Hawai'i-Volcanoes-Nationalpark bietet spektakuläre Ausblicke auf Lavaströme, Krater und vulkanische Risse. Besucher können auch die Lavahöhlen erkunden und laufende Lavaeruptionen beobachten sowie die mit Vulkanen verbundenen Traditionen und die hawaiianische Kultur entdecken.

In Island beherbergt der Vatnajökull-Nationalpark den größten Gletscher Europas und mehrere aktive Vulkane. Besucher können Eishöhlen erkunden, auf Gletschern wandern und spektakuläre Wasserfälle bewundern, die durch vergangene Vulkanausbrüche geformt wurden.

Diese Orte sind nur einige Beispiele von vielen anderen vulkanischen Touristenorten auf der ganzen Welt. Sie bieten einzigartige Erlebnisse für neugierige Reisende, die die Wunder der Natur entdecken möchten. Es ist jedoch wichtig, sich daran zu erinnern, dass diese Orte auch Gefahren für Besucher mit sich bringen können und es daher entscheidend ist, den Sicherheitsanweisungen und Warnungen der lokalen Behörden strikt zu folgen.

# Einen Vulkan besuchen: Tipps und Vorsichtsmaßnahmen

Bei einem Besuch eines Vulkans ist es wichtig, bestimmte Vorsichtsmaßnahmen zu treffen, um die eigene Sicherheit sowie die Sicherheit anderer zu gewährleisten. Zunächst ist es entscheidend, sich über den Vulkan, den man besuchen möchte, gut zu informieren. Vulkane sind alle unterschiedlich und bergen unterschiedliche Risiken, daher ist es wichtig zu wissen, welche Vorsichtsmaßnahmen zu treffen sind.

Es wird auch empfohlen, den Vulkan mit einem erfahrenen Führer zu besuchen und seinen Anweisungen strikt zu folgen. Der Führer kennt die Region gut und weiß, wie im Notfall zu reagieren ist. Zudem kann er interessante Informationen über den Vulkan, seine Geschichte und geologischen Besonderheiten geben.

Es ist auch wichtig, geeignete Sicherheitsausrüstung wie robuste Wanderschuhe, wetterangepasste Kleidung und einen Helm mitzubringen. In einigen Fällen kann eine Atemschutzmaske erforderlich sein, um vor den Dämpfen vulkanischer Gase zu schützen.

Es wird auch empfohlen, nicht alleine zu reisen und in einer Gruppe mit anderen Besuchern zusammenzubleiben. Im Falle eines Problems ist es leichter, Hilfe zu bekommen, wenn man in Begleitung ist.

Schließlich ist es wichtig, sich an die von den lokalen Behörden festgelegten Regeln, wie Sperrgebieten oder Zugangsbeschränkungen, zu halten. Vulkane können gefährlich und unberechenbar sein, daher ist es wichtig, diese Regeln zu befolgen, um seine eigene Sicherheit zu gewährleisten.

## Ökotourismus und nachhaltiges Management von Vulkanen

Vulkane ziehen jedes Jahr Millionen von Besuchern an, aber das Management des Tourismus kann beträchtliche Umweltschäden verursachen. Daher ist es wichtig, einen ökologischen und nachhaltigen Ansatz zu wählen, um diese einzigartigen und empfindlichen Orte zu schützen.

Der erste Schritt besteht darin, die Auswirkungen des Tourismus auf die Umwelt zu bewerten. Besucher können natürliche Lebensräume stören und Landschaften beschädigen, indem sie Abfälle hinterlassen, Pflanzen zertrampeln und die Tierwelt stören. Daher ist es entscheidend, die Anzahl der Besucher zu begrenzen, Routen festzulegen und Ruhezonen einzurichten, um Störungen zu minimieren.

Darüber hinaus ist es wichtig, Besucher über Vorsichtsmaßnahmen zur Minimierung ihrer Auswirkungen auf die Umwelt zu sensibilisieren. Informationen sollten bereitgestellt werden, um das richtige Verhalten zu vermitteln, wie das Vermeiden von Müll, das Respektieren von Sperrgebieten und das Bleiben auf markierten Pfaden. Erfahrene Führer können den Besuchern helfen, die Umwelt und die lokale Kultur besser zu verstehen und gleichzeitig negative Auswirkungen zu minimieren.

Die Abfallbewirtschaftung ist ebenfalls ein entscheidender Aspekt des nachhaltigen Managements von Vulkanen. Abfälle müssen verantwortungsvoll gesammelt und entsorgt werden, um Verschmutzung von Böden, Flüssen und Wasserquellen zu vermeiden. Organische Abfälle können kompostiert werden, während recycelbare Abfälle an anderer Stelle behandelt werden können. Recycling- und Abfallbewirtschaftungsprogramme können auch implementiert werden, um Besucher zu sensibilisieren und zu ermutigen, umweltfreundliche Verhaltensweisen auszuüben.

Schließlich kann das nachhaltige Management von Vulkanen auch den Einsatz erneuerbarer Energiequellen umfassen, um die Auswirkungen auf die Umwelt zu minimieren. Beispielsweise kann geothermische Energie zur Stromerzeugung oder zur Beheizung von Gebäuden genutzt werden, um die Abhängigkeit von nicht erneuerbaren Energiequellen zu verringern und die Treibhausgasemissionen zu reduzieren.

## Geothermische und mineralische Ressourcen

Vulkane sind nicht nur natürliche Wunder, sondern bieten auch wichtige Ressourcen für die Menschheit. Geothermische und mineralische Ressourcen sind zwei Beispiele für diese Vorteile, die von Vulkanen geboten werden.

Geothermie bezeichnet die Nutzung von Erdwärme zur Strom- und Wärmeproduktion. Vulkane sind eine wichtige Quelle für Geothermie, da ihre Aktivität beträchtliche Wärme erzeugt, die abgefangen und genutzt werden kann. Diese Wärme wird oft für geothermische Kraftwerke verwendet, die Strom und Wärme für Wohnhäuser und Industriegebäude produzieren.

Darüber hinaus sind Vulkane auch Quellen von Mineralien wie Gold, Silber, Kupfer, Zink und vielen anderen. Diese Mineralien kommen oft in magmatischen und hydrothermalen Gesteinen vor, die durch vulkanische Aktivitäten entstanden sind. Die Minen, die diese Mineralien abbauen, befinden sich oft in aktiven oder ehemaligen Vulkanregionen.

Vulkane können auch eine Quelle von Baumaterialien wie Bimsstein, Lava und Basalt sein. Diese Materialien werden oft für den Bau von Straßen, Stützmauern und Gebäuden in der Nähe von Vulkanen verwendet.

Bei der Ausbeutung geothermischer und mineralischer Ressourcen von Vulkanen ist jedoch Vorsicht geboten, um Umweltschäden und Risiken für die menschliche Gesundheit zu vermeiden. Bergbauaktivitäten können Schäden an der Umwelt verursachen und die Nutzung geothermischer Energie kann ebenfalls zu Treibhausgasemissionen führen.

# Fazit

## Zukünftige Herausforderungen für die Vulkanologie

Die Vulkanologie ist eine sich ständig weiterentwickelnde Wissenschaft, mit neuen Herausforderungen bei der Erforschung und Vorhersage von Vulkanausbrüchen sowie dem Schutz von Bevölkerung und Ökosystemen in der Nähe von Vulkanen. Hier sind einige zukünftige Herausforderungen in der Vulkanologie:

Genauere Vorhersage von Vulkanausbrüchen:

Die Vorhersage von Vulkanausbrüchen ist eine komplexe Aufgabe, die ein tiefes Verständnis der Eigenschaften von Vulkanen, Vorläufersignale und eruptive Prozesse erfordert. Wissenschaftler müssen weiterhin neue Methoden entwickeln, um Vorzeichen eines Ausbruchs zu erkennen, wie beispielsweise Schwankungen im seismischen Druck, Bodendeformation oder vom Vulkan ausgestoßene Gase. Vorhersagemodelle müssen ebenfalls verbessert werden, um das Verhalten von Vulkanausbrüchen besser vorhersagen zu können, unter Berücksichtigung von Variationen in der Magmakomposition, der Topographie der Umgebung und externen Faktoren wie Wetterbedingungen.

Stärkung der Vulkanüberwachung:

Die Überwachung von Vulkanen ist entscheidend, um

Vulkanausbrüche zu verhindern und lokale Bevölkerung zu schützen. Wissenschaftler müssen neue Werkzeuge und Technologien zur Überwachung von Vulkanen entwickeln, wie beispielsweise Drohnen, Satelliten und Sensornetzwerke, und die Interoperabilität zwischen verschiedenen Überwachungsplattformen verbessern. Darüber hinaus muss die Ausbildung und Schulung von Vulkanüberwachungsteams gestärkt werden, um im Notfall effektiv handeln zu können.

Verständnis der Auswirkungen von Vulkanausbrüchen auf das Klima:

Vulkanausbrüche haben aufgrund der in die Atmosphäre ausgestoßenen Gase und Partikel einen signifikanten Einfluss auf das globale Klima. Wissenschaftler müssen weiterhin die komplexen Wechselwirkungen zwischen Vulkanausbrüchen und dem Klimasystem erforschen, indem sie Computermodelle verwenden, um die Auswirkungen von Vulkanausbrüchen auf die Planetentemperatur, Niederschläge und Windmuster zu simulieren. Diese Forschung wird Entscheidungsträgern helfen, die klimatischen Risiken im Zusammenhang mit Vulkanausbrüchen besser zu verstehen und angemessene Anpassungsstrategien zu entwickeln.

Verbesserung des Vulkanrisikomanagements:

Das Vulkanrisikomanagement umfasst die Kartierung gefährdeter Gebiete, die Raumplanung von städtischen Gebieten, die Sensibilisierung der Bevölkerung und die Einrichtung von Warnsystemen und Evakuierungsplänen. Wissenschaftler müssen eng mit lokalen Behörden zusammenarbeiten, um effektive Strategien für das Risikomanagement von Vulkanen zu entwickeln, unter Verwendung des neuesten wissenschaftlichen Wissens zur Bewertung von Risiken und Empfehlung angemessener Maßnahmen.

Verständnis der Auswirkungen von Vulkanen auf die Umwelt und Ökosysteme:

Vulkane haben aufgrund von Lavaflüssen, Asche, vulkanischen Gasen und Laharen einen signifikanten Einfluss auf die Umwelt und die umliegenden Ökosysteme. Wissenschaftler müssen weiterhin die Auswirkungen von Vulkanausbrüchen auf Böden, Flüsse, Seen und Ozeane sowie auf die Biodiversität und die umliegenden Ökosysteme untersuchen. Diese Forschung wird Entscheidungsträgern helfen, angemessene Strategien zur Erhaltung und Wiederherstellung zum Schutz gefährdeter Arten und vulnerabler Lebensräume zu entwickeln.

Förderung der Erforschung außerirdischer Vulkane:

Obwohl die Erforschung von irdischen Vulkanen bedeutende Fortschritte gemacht hat, ist das Verständnis außerirdischer Vulkane immer noch begrenzt. Wissenschaftler müssen die Erforschung von Vulkanismus auf anderen Planeten, Monden und Himmelskörpern fördern, indem sie anspruchsvolle Messinstrumente verwenden, um die Merkmale außerirdischer Vulkanausbrüche zu untersuchen. Diese Forschung wird uns helfen, die geologischen Prozesse, die unser Sonnensystem geformt haben, besser zu verstehen und die Möglichkeiten der Bewohnbarkeit anderer

Himmelskörper zu erkunden.

Insgesamt ist die Vulkanologie eine faszinierende Wissenschaft, die immer neue Herausforderungen aufzeigt, um Vulkanausbrüche zu verstehen und vorherzusagen, Bevölkerung und Umwelt zu schützen und unser Verständnis vulkanischer Phänomene in unserem Sonnensystem zu erweitern.

## Danksagung

Liebe Leserinnen und Leser,

Wir sind am Ende der Reise durch die Geheimnisse und Wunder der vulkanischen Welt angelangt. Sie haben mich auf dieser Reise begleitet, und mit großer Dankbarkeit und einer gewissen Wehmut möchte ich mich bei Ihnen bedanken, dass Sie bis zum Ende gelesen haben.

Im Laufe der Kapitel haben wir gemeinsam die unglaubliche Geschichte der Vulkane erkundet, diese «Wächter der Erde», die unseren Planeten geprägt haben und es weiterhin tun. Wir haben die gewaltigen Kräfte bestaunt, die unsere Welt in Bewegung halten, die außergewöhnlichen Prozesse, die diese Feuerriesen hervorbringen, und die Auswirkungen, die sie auf unsere Umwelt und unsere Gesellschaften haben.

Die Erforschung von Vulkanen ist eine endlose Suche, eine spannende Odyssee, die uns dazu bringt, die Grenzen unseres Verständnisses ständig zu erweitern. Es ist ein bisschen wie bei Kindern, die zum ersten Mal die verborgenen Schätze unter dem Mantel unseres Mutterplaneten entdecken, voller Staunen und Neugierde.

Bei der Erstellung dieses Buches habe ich aus vielen zuverlässigen Quellen geschöpft und Informationen abgeglichen, um Ihnen eine bereichernde und fesselnde Lektüre zu bieten. Ich habe mich bemüht, Ihnen ein umfassendes Panorama der Welt der Vulkane zu präsentieren und dabei meine Leidenschaft für dieses faszinierende Gebiet einfließen zu lassen. Mein größter Wunsch ist es, dass diese Lektüre in Ihnen dieselbe Begeisterung entfacht hat.

Wie der Ausbruch eines Vulkans war das Schreiben dieses Buches ein wahrer Siedeprozess von Ideen, Forschungsergebnissen, Emotionen und Erinnerungen. Erinnerungen an meine eigenen Erlebnisse am Fuße dieser schlafenden Riesen, an Begegnungen mit anderen passionierten Menschen und an diese magischen Momente, in denen die Macht der Natur uns daran erinnert, wie klein und verwundbar wir vor ihr sind.

Auf meiner Reise habe ich mich immer wieder über die Schönheit und Komplexität unserer Welt gewundert. Ich wollte diese Emotion mit Ihnen teilen, mit einer einfachen Sprache und farbenfrohen Anekdoten.

Wenn Sie dieses Buch schließen, hoffe ich, Ihnen ein wenig von meiner Liebe zu Vulkanen vermittelt und Ihnen einen neuen Blickwinkel auf diese großartigen «Wächter der Erde» geboten zu haben. Mögen Sie nun diese Leidenschaft und Neugierde mit anderen teilen, genauso wie wir sie auf den Seiten dieses Buches miteinander verbunden hat.

Nochmals vielen Dank, dass Sie diese Reise mit mir geteilt haben.

Mit besten Grüßen,